乐高EV3超简单机器人编程

曾吉弘 卢玟攸 翁子麟 蔡雨锜 薛皓云 著 田远帆 改编

人民邮电出版社
北京

图书在版编目（C I P）数据

乐高EV3机器人编程超简单 / 曾吉弘等著. -- 北京 :
人民邮电出版社, 2018.9
ISBN 978-7-115-48761-2

Ⅰ. ①乐… Ⅱ. ①曾… Ⅲ. ①智能机器人－程序设计
Ⅳ. ①TP242.6

中国版本图书馆CIP数据核字(2018)第192935号

◆ 著　　　曾吉弘　卢玟攸　翁子麟　蔡雨锜　薛皓云
改　　编　田远帆
责任编辑　胡俊英
责任印制　焦志炜

◆ 人民邮电出版社出版发行　　北京市丰台区成寿寺路 11 号
邮编　100164　　电子邮件　315@ptpress.com.cn
网址　http://www.ptpress.com.cn
北京缤索印刷有限公司印刷

◆ 开本：690×970　1/16
印张：14.5
字数：302 千字　　　2018 年 9 月第 1 版
印数：1 – 3 000 册　　　2018 年 9 月北京第 1 次印刷

著作权合同登记号　图字：01-2016-9755 号

定价：69.00 元

读者服务热线：(010)81055410　印装质量热线：(010)81055316
反盗版热线：(010)81055315
广告经营许可证：京东工商广登字 20170147 号

内容提要

乐高机器人是乐高公司所生产的 MINDSTORMS 教育型机器人套件。EV3 是第三代 MINDSTORMS 机器人，它远远超出了人们对传统玩具的期待，可以通过搭建机器人并对其进行编程来拓展青少年的创造力和逻辑编程能力，逐渐成为了少儿和成人皆宜的高级创意玩具。

本书由 CAVEDU 教育团队编写，全面细致地介绍了乐高机器人的部件及 EV3 编程技巧。全书包含 12 章内容，不仅详细介绍了乐高机器人的发展史及其零部件，同时也通过丰富的设计案例教会读者实用的机器人设计及编程技巧。除此之外，本书还以附录的形式给出了一系列补充资源，方便读者参考使用。读者可以通过循序渐进的学习来了解乐高机器人，并在详尽的操作指导下，更好地掌握编程技巧。

本书适合对机器人编程感兴趣的读者阅读，也适合中小学生及家长选用。通过学习本书，读者将更好地提升自己的创新能力和动手实践能力。

序

CAVEDU 出版的第 1 本书是 2009 年的《机器人新视界——NXC 与 NXT》，该书指导读者使用 C 语言程序来控制乐高智能可编程积木 NXT，目标读者是机器人的高级使用者。接下来又陆续出版了关于以 Java、LabVIEW、Android 以及 App Inventor 搭配乐高机器人的教学用书，并逐渐将教学内容延伸到 Arduino 与树莓派等嵌入式系统上，在此感谢读者的支持与指正。随着乐高智能主机 EV3 的相关消息接连发布，我们也非常期待这家老牌玩具公司能够给全球的广大支持者再次带来巨大惊喜。因此我们认为，本书作为 CAVEDU 的第 10 本著作，是一个意义重大的里程碑。

我们陆续开始与许多公共创作空间与媒体单位展开积极合作，合办各种有趣的 DIY 互动课程。另一方面，许多单位进驻产业园区，举办了许多共创分享与教学课程。我们期待这样的活动能将创客精神推广到一般民众当中，在基层深植“动手做”精神。

本书很荣幸能获得多位师长的热情推荐，也感谢馥林文化全体同仁在本书编写过程中的专业指导与协助，让本书能够顺利付梓出版。只要还有有趣的题材，我们就会一直写下去，为大家提供更多优质的内容。感谢各位师长好友们的支持与鼓励，实在是点滴在心头，谢谢一直以来的支持与肯定。

——CAVEDU 教育团队

本书所有范例皆可从 CAVEDU 官网下载。

推荐序 1

当今机器人的全球发展趋势，是将机器人由原本的工业应用朝服务型甚至娱乐型发展。越来越多的机器人设计来源于教育、民生工程、娱乐、安保和家庭看护等不同层面的需求。面对这些以服务与应用为导向的机器人研发工作，开发者将需要不同以往的思维与能力，才能设计出更符合用户需求的智能机器人，让机器人能逐渐走入家庭与生活当中。

蓬勃发展的机电产业为机器人的发展奠定了很好的基础，但目前仍相当缺乏服务与应用型机器人的研发人才。此类人才需要有极佳的创造力、整合能力以及发掘用户需求的眼光。因此如何从基础教育开始就着手培养这样的人才乃是当务之急。

乐高公司推出了新一代教育型机器人平台，搭配一贯的图形化程序开发环境，让小学生就能具备机器人开发所需的解决问题能力与动手能力，这点我们可以通过在各级机器人竞赛中学生们屡获佳绩得以印证。

本书在内容编排上注重实际操作的介绍与设计经验的分享，并配合许多机器人的范例和程序设计的重要理念，相当适合教学使用。本人也曾专门撰文推荐 CAVEDU 教育团队的《Android 手机程序超简单！ App Inventor 机器人卷》，该书介绍了如何使用 App Inventor 这个图形化程序语言来开发 Android 手机 App，并结合乐高机器人与 Arduino 嵌入式开发板实现各种触控以及体感的应用，该书内容可作为本书的延伸学习资料。

基于推广机器人教育的立场，本人乐见本书作者团队持续为有心学习机器人的学子和朋友们编写各类学习用书，相信各位读者都可从本书获益，进而投身于机器人教育以及相关研究与应用领域。

——李祖圣

台湾成功大学电机工程学系特聘教授

推荐序 2

工业机器人竞赛举办至今已有许多届，每年皆有不同的任务，期待选手们能使用机器人满足各种工业上的需求，如搬运、吊装和物料管理等，我们也欣慰地看到每年参赛者的水平都越来越高。工业机器人竞赛中使用乐高教育型机器人套件的参赛队伍占据了相当的比例，该套件简易的程序环境与可重复利用的模块化零件受到许多选手的青睐。乐高教育型机器人套件不只适合小学生使用，也适合作为机电相关专业的新生在接触正规工业及机器人设备之前的先导性教材，而非机电相关专业的学生也可使用乐高机器人作为简易载体或开发平台。

本书除了介绍基础的图形化程序开发理念之外，还使用了许多案例来说明机器人开发流程，由浅入深地带领读者在实践中了解电机控制、传感器信号获取等机器人的重要技术，在反复地修正实体机器人模型的过程中，针对不同任务进行优化，是一本非常好的机器人学习指南。本书中每个范例都有详细的说明与延伸挑战，对于有心的学习者来说非常便利，在此由衷地推荐给有兴趣学习机器人技术的读者们。

——柯千禾
台湾屏东科技大学土木工程系副教授

CAVEDU 教育团队简介

想成为 Maker，就来 CAVEDU！

CAVEDU 教育团队是由一群对教育充满热情的人组成的机器人科学教育团队，于 2008 年初创办，之后开始积极推动台湾地区的机器人教育，以出版图书、技术研发、教学研究，以及设备销售为团队主要经营方向。团队希望能让所有想要学习机器人课程的朋友获得优质的服务与课程。本团队已出版多本关于机器人、Arduino 与树莓派程序设计与数字互动等的专业图书，并定期举办研讨会以及发布会，期望借此能够带给科学 DIY 爱好者更加丰富和多元的学习内容。

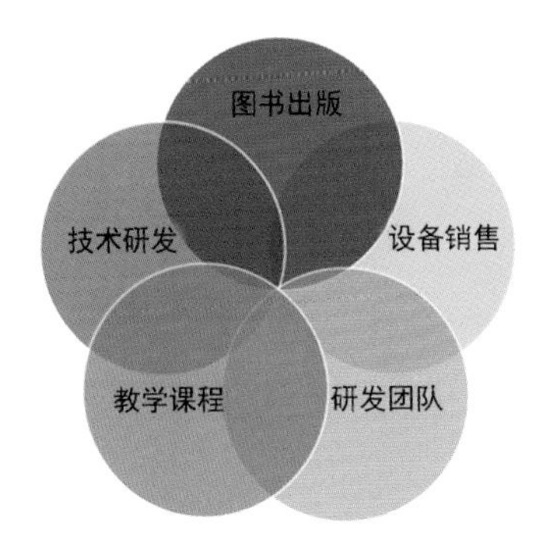

CAVEDU 全系列产品

作者团队介绍

曾吉弘
CAVEDU 教育团队技术总监
《ROBOCON》杂志　专栏作者

CAVEDU 教育团队专业讲师群

卢玟攸
台湾云林科技大学机械工程系
《Android 手机程序设计超简单！ App Inventor 入门卷》《LabVIEW for Arduino —控制与应用的完美结合—》的作者之一
特长：NXC / C++、Arduino 与 LabVIEW 高级图控环境。

翁子麟
台湾成功大学系统与船舶机电工程系
《LabVIEW 高阶机器人教战手册》《LabVIEW for Arduino —控制与应用的完美结合—》作者之一
特长：LabVIEW 高级图控环境、Arduino、乐高 EV3 图控环境与机器人结构设计。

蔡雨锜
台湾大学物理系
特长：Android 智能型装置程序设计、乐高 EV3 图控环境。

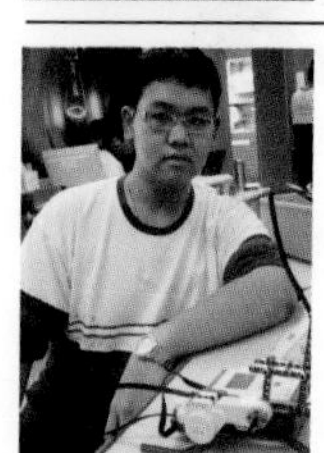

薛皓云
台湾海洋大学机械与机电工程系
《Android 手机程序设计超简单！ App Inventor 机器人卷》《LabVIEW for Arduino —控制与应用的完美结合—》的作者之一
特长：Arduino、Visual C++、3D 打印、Kinect 影像辨识、LabVIEW 高级图控环境。

目录

第1章 乐高机器人发展史与零件介绍

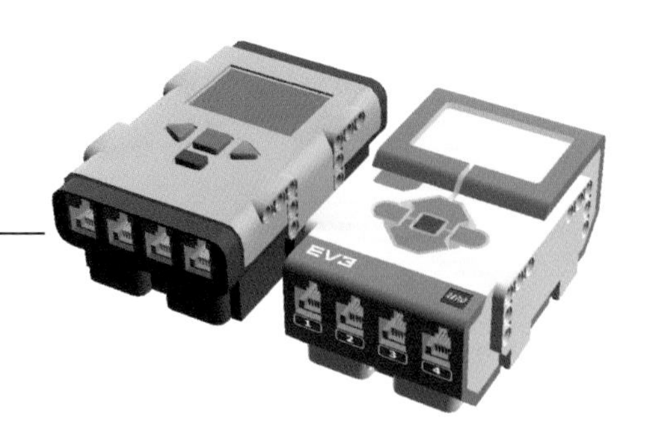

本章将介绍乐高机器人发展史以及 EV3 套件中的各类硬件组件，包括电子零件、结构零件、齿轮、连接器等。你需要熟悉这些零件的使用方法并运用奇思妙想，才能做出强健又灵活的机器人！下面就让我们来看看吧。

1-1 乐高机器人发展史

乐高机器人是乐高公司所生产的 MINDSTORMS 教育型机器人套件，针对小学 3 年级，也就是 10 岁左右的小朋友进行设计，通过各种乐高零件以及简单的图形化程序界面让用户很快地制作出各种机器人或自动化系统。不仅如此，第一代产品 RCX 自 1999 年上市以来，一直受到许多家长与小朋友的欢迎。2006 年问世的第二代 NXT 机器人，更是将上述特性发挥到淋漓尽致。乐高机器人的身影不仅出现在各种类型的比赛中，而且被许多大专院校列为程序设计以及机电一体化课程的先导课程。另外，由于 NXT 机器人的固件源代码是开放的，因此除了乐高官方的 NXT-G 图形化程序界面之外，其他程序语言如 C/C++ 或 Java 等也可以编译成乐高机器人的执行文件。用户也可以通过其他设备，如 Android 智能手机或平板电脑来控制乐高机器人。

本团队在 2009 年 ~ 2012 年之间，针对 NXT 机器人出版了不少教程，欢迎大家参阅。在 EV3 机器人发布时，相信许多玩家都是相当兴奋的，大家都期待着新一代的 EV3 机器人能带给我们更多欢乐和有趣的项目。

1-2 电子零件

1-2-1 EV3 智能型可编程积木

EV3 主机采用 Linux 操作系统（严格来说，应该是 Linux 针对机器人专门设计的一个套件），这意味着在未来，所有 EV3 程序开发者以及兼容配件设备厂商，都能够在一个开放的标准下开发 EV3 兼容的指令模块与硬件，甚至还能够自行加入定制化的套件。目前可以用来控制 EV3 机器人的程序语言有 NXC/RobotC 等 C 语言平台、leJOS（Java 平台）、LabVIEW 等。如果想要使用外部设备遥控机器人也没有问题，只要是支持蓝牙或无线网络的设备就都可以用来遥控 EV3 机器人。

从图 1-1 中可以看到，EV3 主机分别有 4 个输入端口与 4 个输出端口。也就是说不论对于机器人的各个机构，还是对于电机控制来讲，EV3 的自由度都会非常高。如图 1-2 所示，我们可以通过 USB 端口、蓝牙或者无线网络（需外接 Wi-Fi 无线网卡）在 EV3 主机与计算机之间互相传输程序或文件，其中使用 USB 端口是最方便的方式。

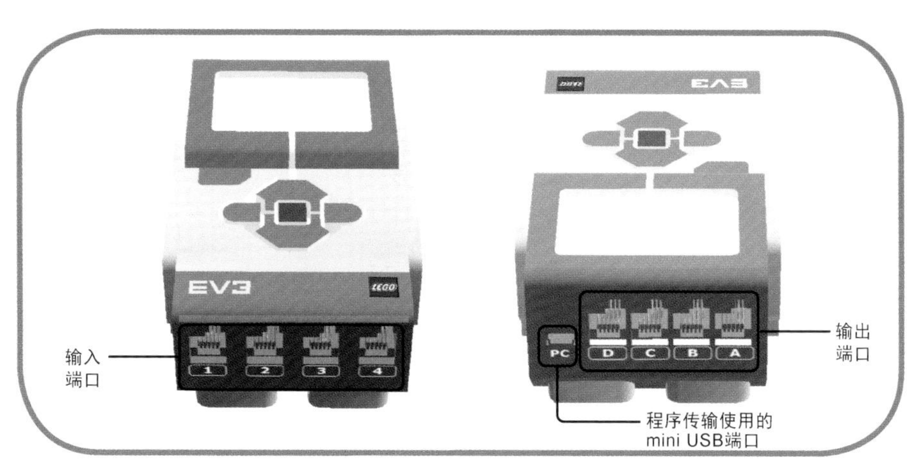

图 1-1　4 个输入端口和 4 个输出端口

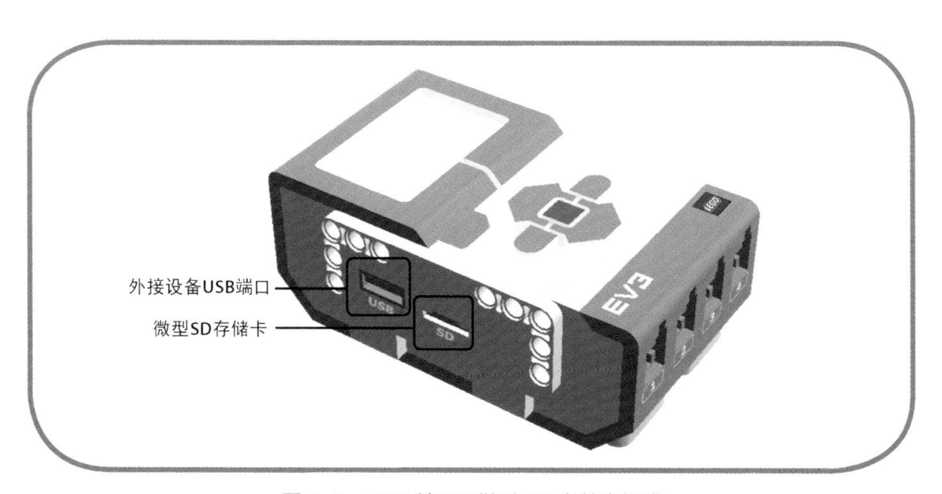

图 1-2　USB 端口和微型 SD 存储卡插槽

在操作上，EV3 秉承了乐高一贯的直觉操作精神，在主机上有 6 个按键。如图 1-3 所示，按下中央的确认键即可开机，按下左上角的取消键则可以回到上一页或是取消，而位于确认键周围的 4 个方向选择键的功能则是在各个选项之间进行切换。有关 EV3 开机后各个选项的内容，我们会在下一章进行详细介绍。

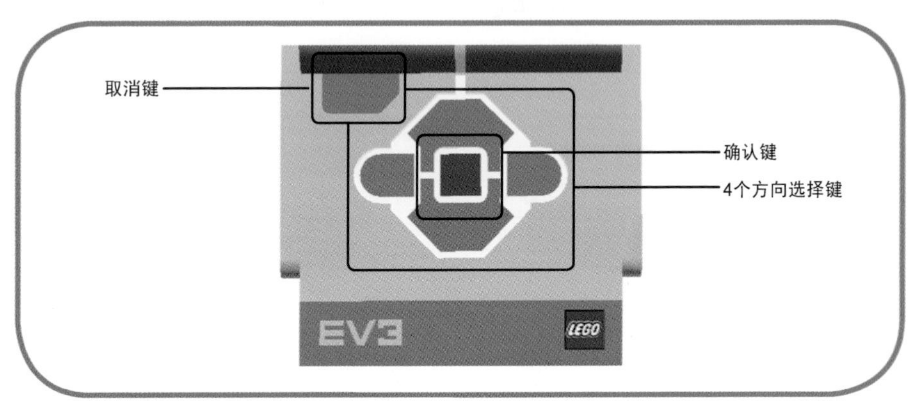

图 1-3 EV3 主机按键说明

表 1-1 是 EV3 和 NXT 的规格比较。

表 1-1 EV3、NXT 的规格比较

	EV3	NXT
处理器	ARM9 300MHz	ARM7 48MHz
内存	16MB 闪存 64KB RAM	256KB 闪存 64MB RAM
操作系统	Linux	专门定制的固件
显示器	分辨率 178 像素 x 128 像素	分辨率 100 像素 x 64 像素
输出端口	4 个输出端口	3 个输出端口
输入端口	4 个输入端口 支持模拟信号 数字信号 9.6Kbit / s（I2C）	4 个输入端口 支持模拟信号 数字信号 460.8Kbit / s
USB 传输速度	480Mbit / s	12Mbit / s
USB 端口	可使用 USB 线串连最多 4 台 EV3 可外接 Wi-Fi 网卡实现无线上网	只能用于与计算机之间互相传输程序和文件
SD 卡插槽	支持最高 32GB 微型 SD 存储卡	无

续表

	EV3	NXT
支持的智能移动设备	iOS/Android/Windows	只支持 Android
用户操作界面	6 个按键	4 个按键
程序代码大小（以循迹程序为例）	0.950KB	2.4KB
传感器采样率	1000 次 /s	330 次 /s
数据采集速率	最高可达 1000 次 /s	最高可达 25 次 /s
蓝牙连接	最多可连接 7 个被控终端	最多可连接 3 个被控终端
测试程序的大小与执行速度	2KB 60s 内可循环执行约 10000 次（约比 NXT 快 10 倍）	10KB 60s 内可循环执行约 760 次
供电系统	专用的可充电电池或 6 节 5 号电池	专用的可充电电池或 6 节 5 号电池

（数据来源：乐高 MINDSTORMS® 官方网站）

自动识别（Auto-ID）

这是 EV3 新增加的功能，EV3 能够自动识别已经连接的设备名称与其使用的端口位置，这个功能可以大幅减少设计机器人程序时的检验工作，例如颜色传感器被连接在 3 号输入端口，但程序中却将其位置设定为 2 号端口，这显然是错误的。听起来有点不可思议，但类似的错误情况却经常发生。而 NXT 的电机和部分传感器也能够支持自动识别功能了，这真的很棒！

1-2-2　交互式电机

电机是机器人的主要动力来源，EV3 套件中有大型和中型两种电机。除了内建角度传感器之外，EV3 的电机也支持最新的自动识别功能，只要连接到 EV3，主机就能自动判断电机的种类与使用的端口，请看以下介绍。

◎大型电机（Large Motor）（见图 1–4）

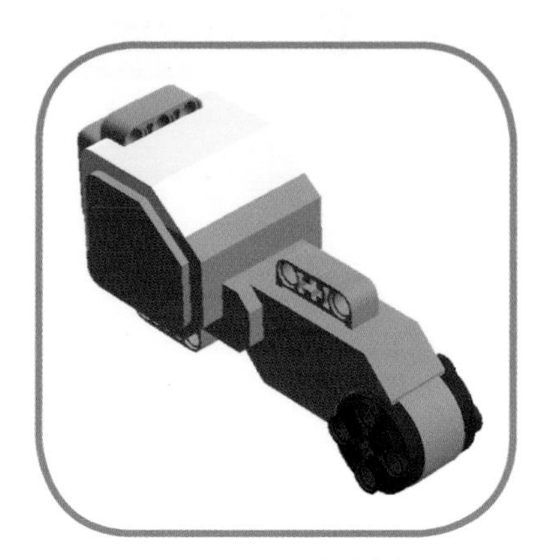

图 1–4 EV3 大型电机

表 1–2 大型电机规格

项目	EV3 大型电机
角度传感器灵敏度	± 1°
转速	160 ～ 170 r/min
空转扭矩	0.21 N · m
失速扭矩	0.42 N · m
质量	76 g
自动识别	支持

◎中型电机（Medium Motor）（见图 1–5）

图 1–5 EV3 中型电机

表 1-3　中型电机规格

项目	EV3 中型电机
角度传感器灵敏度	± 1°
转速	240 ~ 250 r/min
空转扭矩	0.08 N · m
失速扭矩	0.12 N · m
质量	36 g
自动识别	支持

1-2-3　传感器

从外观来看，EV3 传感器与 NXT 传感器的不同之处在于，以往 NXT 传感器的圆角曲面已经不见了，取而代之的是 EV3 所使用的更干脆的平切面，这让传感器看起来更酷炫。而 EV3 传感器在安装结构方面增加了十字孔的组装位置，这让组装变得更容易，另外 EV3 传感器也增加了自动识别功能。

◎**触动传感器（Touch Sensor）**

触动传感器（见图 1-6）可用来侦测机器人是否碰撞到障碍物，另外也可以当作按键使用。该传感器回传的数据形态为布尔函数（boolean）。

图 1-6　触动传感器

◎**颜色传感器（Color Sensor）**

颜色传感器（见图 1–7）可以识别黑色、蓝色、绿色、黄色、红色、白色、棕色以及无颜色，共 8 种颜色，分别由数字 0 ~ 7 所代表。颜色传感器的感知距离为 15 ~ 50 mm，太近或太远都无法正确感知颜色。该传感器回传的数据形态为数值型（Number）。颜色传感器也可当作亮度传感器来使用，回传 0 ~ 100 的整数值代表前方环境或物体的亮度。

EV3 颜色传感器与 NXT 颜色传感器比较如表 1–4 所示。

表 1–4 EV3、NXT 颜色传感器规格比较

项目	EV3 颜色传感器	NXT 颜色传感器
测量	只有红色的反射光，可测量周围光的亮度值和颜色	有红、蓝、绿的反射光，可测量周围光的亮度值和颜色
感知结果	无颜色、白、黑、蓝、绿、黄、红、棕，共 8 种结果	白、黑、蓝、绿、黄、红，共 6 种结果
采样率	每秒 1000 次（1kHz）	每秒 300 次（300Hz）
感知距离	15 ~ 50mm	0 ~ 20mm
自动识别	支持	不支持

图 1–7 颜色传感器

传感器感应范围

图 1–8a 是将颜色传感器设定为颜色（Color）模式时，辨别颜色种类的

有效感知范围。

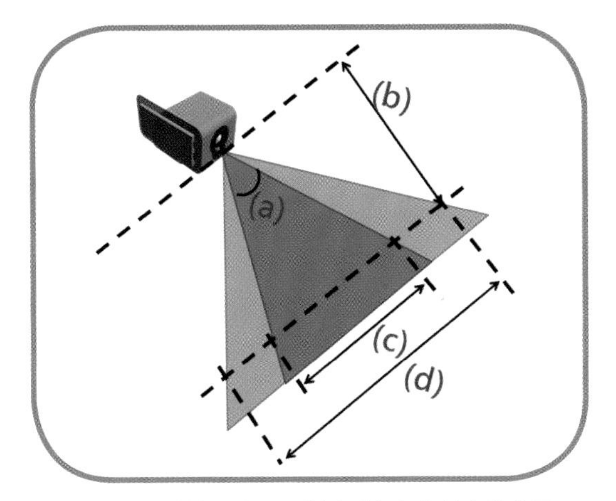

图 1-8a　蓝色三角形区域为感知颜色的有效范围
（a）45°（b）53 mm（c）54 mm（d）88 mm

图 1-8b 是当颜色传感器设定为反射光（Reflected Light Intensity）模式时的有效感知范围。

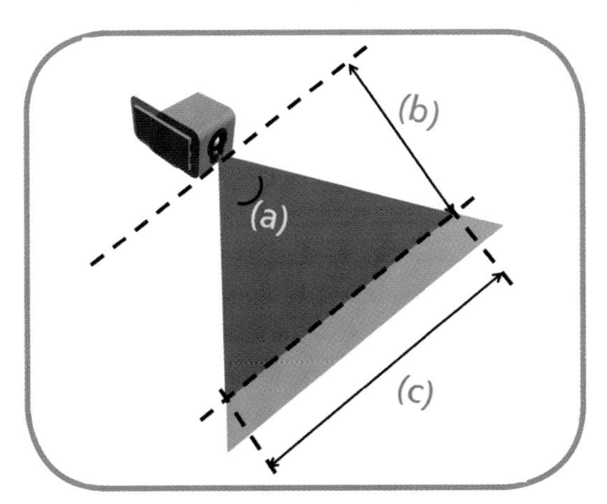

图 1-8b　深红色三角形区域为感知反射光的有效范围
（a）53°（b）53 mm（c）71 mm

与 HiTechnic 颜色传感器比较

因为第三方公司 HiTechnic 也生产颜色传感器（Color Sensor V2），因此在这里，我们将 EV3 和 HiTechnic 颜色传感器的主要参数进行比较，以供你参考，详情如表 1–5 所示。

表 1–5　EV3、Hitechnic 颜色传感器规格比较

项目	EV3 颜色传感器	HiTechnic 颜色传感器
测量	只有红色的反射光，可测量周围光的亮度值和颜色	有红、蓝、绿的反射光，可测量周围光的亮度值和颜色
感知结果	透明、白、黑、蓝、绿、黄、红、棕，共 8 种颜色	将颜色从黑到白分成 0 ~ 17，黑为 0，白为 17，共 18 个级别
采样率	每秒 1000 次（1kHz）	每秒 300 次（300Hz）
距离	15 ~ 50mm	0 ~ 20mm

◎**超声波传感器（Ultrasonic Sensor）**

超声波传感器（见图 1–9）是通过传感器发射器组件发射超声波，再由接受器组件接收物体所反射声波，通过发射和接受的时间差来测量距离，传感器左侧组件为发射器，右侧组件则是接收器。新的超声波传感器上增加了 LED 灯，在超声波传感器发射超声波时 LED 灯会闪烁发亮。另外，该传感器可切换两种模式：接收模式（单纯测量距离）和聆听模式（感知外部所有的超声波信号）。超声波传感器反馈的数据形态为数值型。

图 1–9　EV3 超声波传感器

EV3 超声波传感器与 NXT 超声波传感器比较如表 1–6 所示。

表 1-6　EV3、NXT 超声波传感器规格比较

项目	EV3 超声波传感器	NXT 超声波传感器
测量距离	3 ~ 250 cm	3 ~ 250 cm
感知角度	20°	20°
测量距离误差	± 1 cm	± 3 cm
外部照明	灯光：设定超声波 闪烁：接收信号	无
感应外部超声波信号	可以	不可以
探测模式	3 种测量模式：距离（厘米和英寸）、范围内是否有物体	两种测量模式：距离（厘米和英寸）
自动识别	支持	不支持

◎陀螺仪传感器（Gyro Sensor）

陀螺仪传感器（见图 1-10）可用来测量机器人的倾斜程度，当机器人倾倒时，陀螺仪传感器会探测倾倒的角度值。我们可以通过这个反馈数值让机器人保持平衡。陀螺仪传感器回传的数据形态为数值型。

另外，陀螺仪传感器具有重置角度功能（Reset），你可以自行为陀螺仪传感器设定初始角度值。

图 1-10　EV3 陀螺仪传感器

表 1-7　EV3 陀螺仪传感器规格

项目	EV3 陀螺仪传感器
误差	3°
感知能力	每秒最多 440°（即每秒转动 1.22 圈以内，能够成功捕捉到位置）
采样率	每秒 1000 次（1kHz）
自动识别	支持

* 陀螺仪读数不稳定怎么办？请参阅 www.cavedu.com/ev3

EV3 上市之前，乐高并没有自己生产陀螺仪传感器，而只能购买 HiTechnic 公司的产品（如图 1-11 所示，没错，HiTechnic 的产品都长得差不多，而且黑乎乎的）。表 1-8 为 EV3 和 HiTechnic 公司的陀螺仪传感器比较结果。

图 1-11　HiTechnic 陀螺仪传感器

表 1-8　EV3、HiTechnic 陀螺仪传感器规格比较

项目	EV3 陀螺仪传感器	HiTechnic 陀螺仪传感器
感知能力	每秒最多 440°	每秒最多 360°
采样率	每秒 1000 次（1kHz）	每秒 300 次（300 Hz）

◎红外线传感器（IR Seeker Sensor）

红外线传感器（见图 1-12）具有 3 种模式，分别是近程模式（Proximity Mode）、信标模式（Beacon Mode）和远程模式（Remote Mode），后两者必须配合远程红外信标（IR Beacon / Remote Control Sensor）共同使用。

图 1-12　红外线传感器

◎近程模式（Proximity Mode）

近程模式主要是用来探测距离或者躲避障碍，实际探测距离（见图 1-13）为最大约为 70cm，距离越远数值越大，回传数据形态为 0~100 的数值。不过，红外线测距结果并不是很准确，因为其测量结果容易受到环境中红外线噪声的干扰。

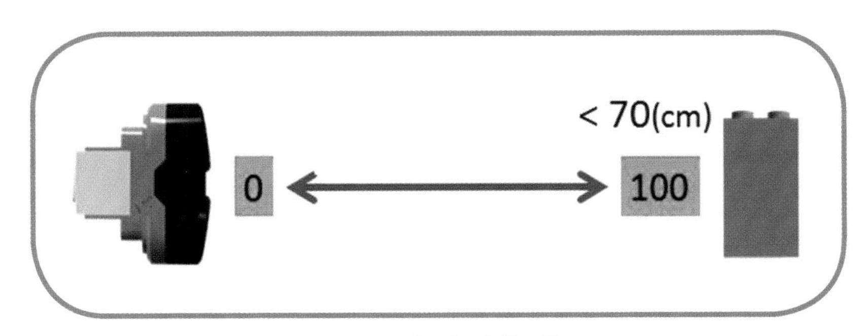

图 1-13　探测距离范围值

以下两种模式必须搭配远程红外信标来使用。如果搭配 EV3 的远程红外信标（IR Beacon / Remote Control Sensor）使用，则最大接收距离可达 2m。

◎信标模式（Beacon Mode）

红外线传感器应用此模式时，必须搭配 EV3 的远程红外信标，回传的数据为 -25 ~ 25 的整数值。

除此之外，红外线传感器不只可以量测来自前方的信号，还可以测量左右两侧方向的信号，回传值分别为 −25、0、+25 代表不同的方向。其中 0 代表在传感器的正前方（见图 1−14）。

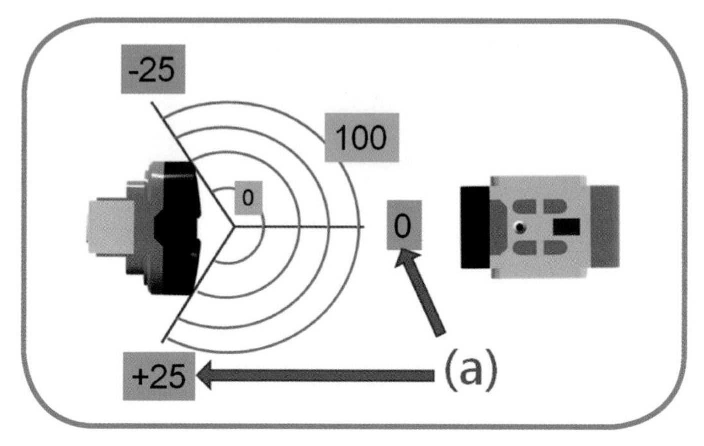

图 1−14　3 个方向探测距离的回传值

◎**远程模式（Remote Mode）**

使用此模式时，红外线传感器最多可支持 4 个频道，回传的数据为 0~11 的整数值。每个数值都由 EV3 远程红外信标的不同按键组合所决定，下图所示为回传值所对应的按键组合图，共有 12 种（见图 1−15）。

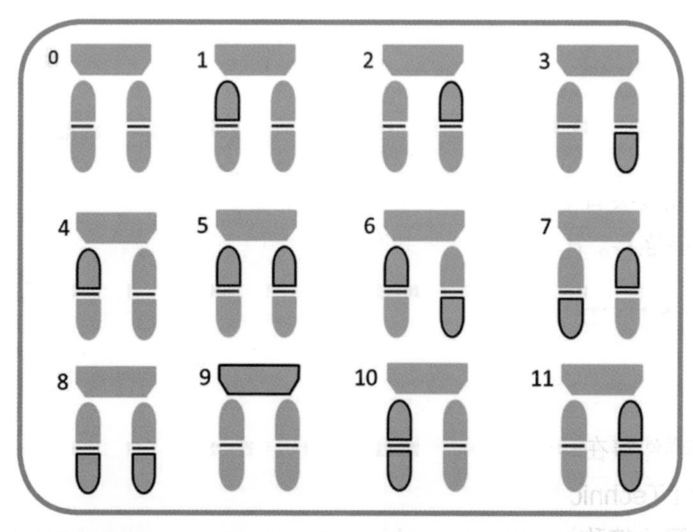

图 1−15　红外线传感器与 EV3 远程红外信标搭配的对应图（黑色框的部分代表该按键被按下）

◎**远程红外信标（IR Beacon / Remote Control Sensor）**

远程红外信标（见图 1-16）有两种运作模式：Beacon 和 Remote control。其中 Beacon 有个回归的基准点，机器人会自动寻找直到到达终点（远程红外信标）为止。Remote Control 则是将信标变为一个普通的红外线遥控器，用来操控机器人的动作，最多支持 4 个频道。红外线传感器与远程红外信标不包含在乐高 EV3 教育型机器人套件中。

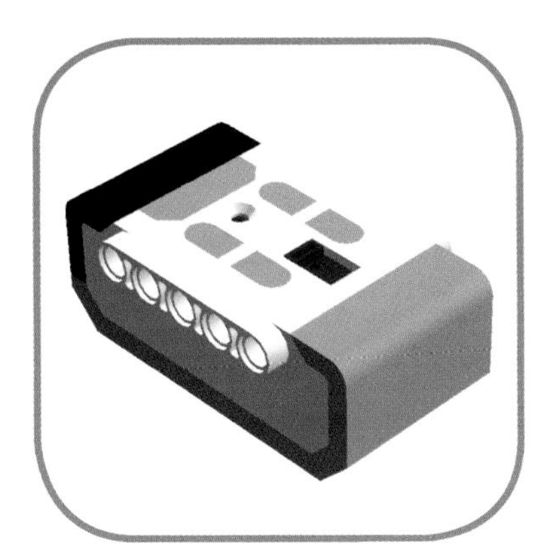

图 1-16　EV3 远程红外信标，左右各有两个按键，红色开关为频道切换开关

你可以将远程红外信标当作游戏手柄来使用，可以应用许多的组合键，其功能非常强大！数值 0 则代表没有按下任何按键。

◎ **RJ-12 传输线（RJ-12 Right Cable）**

传输线可以同时起到供电与数据传输功能。它的外观很像电话线，但接头却有点不一样。传感器与电机都需要通过 EV3 传输线来连接到 EV3 主机上，传输线接头有个偏右侧的卡子，使用时需将接头推到底，听到“喀”一声才算正确连接。EV3 套件中总共有 3 种不同长度的传输线可供使用。

1-3　结构零件

结构零件可以用来搭建各种支架、底座或外壳，我们可以使用各种连接器将结构零件接在一起，组成更大的组件。

◎**平滑梁（Technic Beam）**

平滑梁（简称梁，见图 1-17）是最主要的乐高结构零件，我们可以利用插销与连接器将多个平滑梁连接起来。根据梁上面孔洞的数量来分类，例如，长度为 9 个单位的平滑梁，简称 9M 梁。

图 1-17　9M 平滑梁

◎**半厚平滑梁（Beam Half）**

半厚平滑梁（简称半厚梁）具有与平滑梁相同的功能，不过它的厚度是平滑梁的一半，所以当你使用它时，通常会与十字轴来配合使用。其分类方式也与平滑梁相同，依据孔洞的数量来分类，图 1-18 所示为 4M 半厚平滑梁。

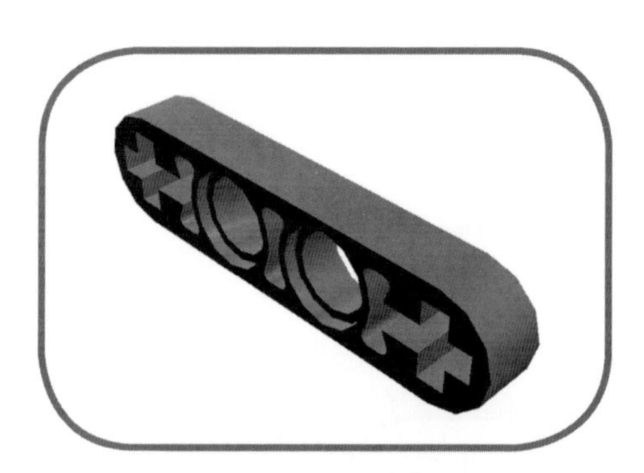

图 1-18　4M 半厚平滑梁

◎**轴（Axle）**

轴通常用来传递动力。轴的剖面形状是十字形的，如果插入十字形的孔洞中，就可以跟这些零件一起旋转。若将轴插入圆形的孔洞中则可自由转动，因此可将其视为空转的轴承。我们根据轴的长度来分类，轴的长度与梁的长度是一样的，例如，长度为 5 个单位长度的轴，简称 5M 轴（见图 1-19）。

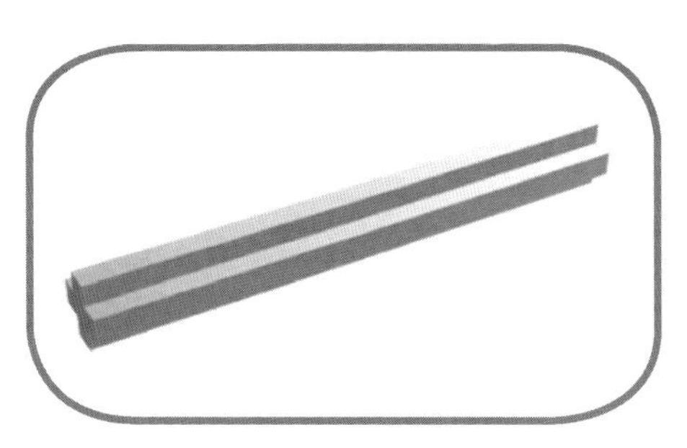

图1-19　5M 轴

◎弯曲梁（Beam Bent）

如图 1-20a ~ 图 1-20g 所示，共有小 L 形、大 L 形、T 形、J 形与く形弯曲梁 5 种，可以利用它们来搭建多边形与立体结构。

图1-20a　小 L 形梁

图1-20b　大 L 形梁

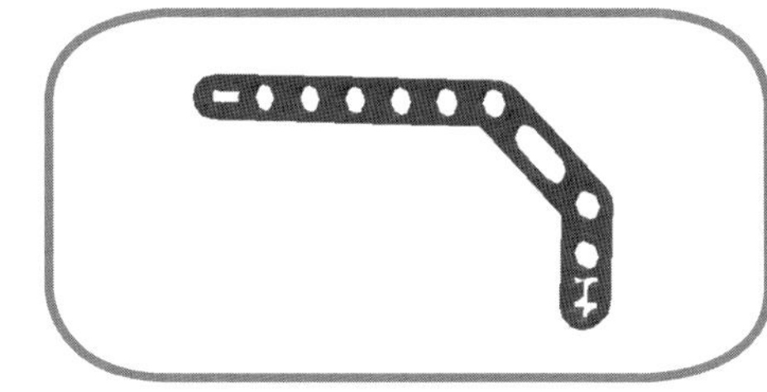

图1-20c　J 形梁图

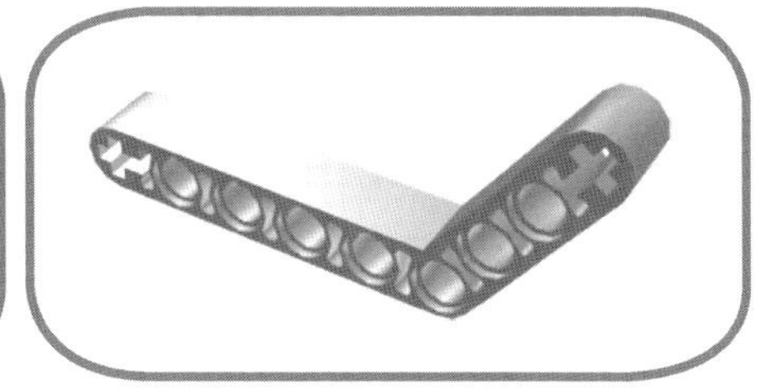

图1-20d　6×4 く形梁

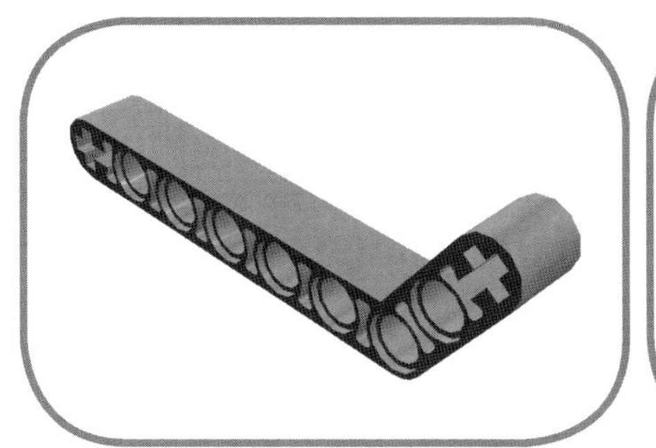

图1-20e　3x7 く形梁

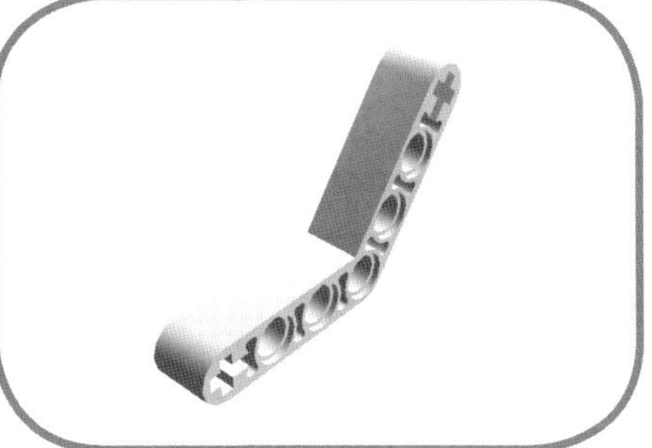

图1-20f　4x4 く形梁

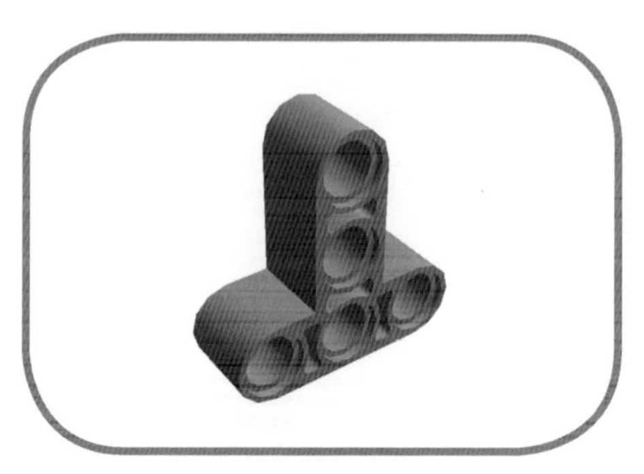

图 1-20g　T 形梁

◎ **H 形和方形梁框架（Beam Frame 5 × 7 / Beam Frame 5 × 11）**

H 形和方形梁框架（简称框架，见图 1-21a 和图 1-21b）大多用于构建立体框架（例如机器人的骨架）。我们依据长度与外形来分类，由 5M 和 7M 的梁所合成的框架，可简称 5X7 方形框架。

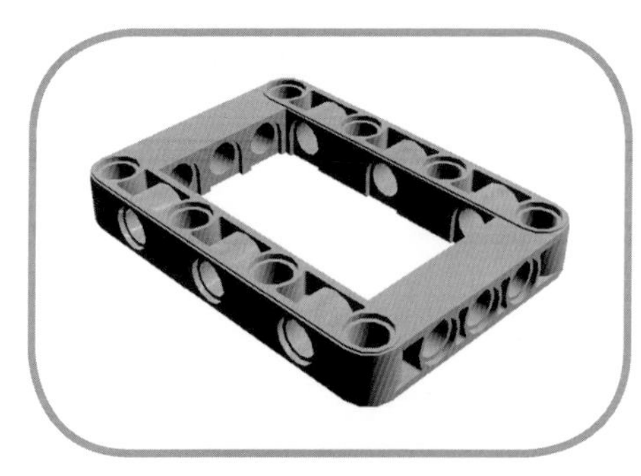

图 1-21a　5X7 方形框架

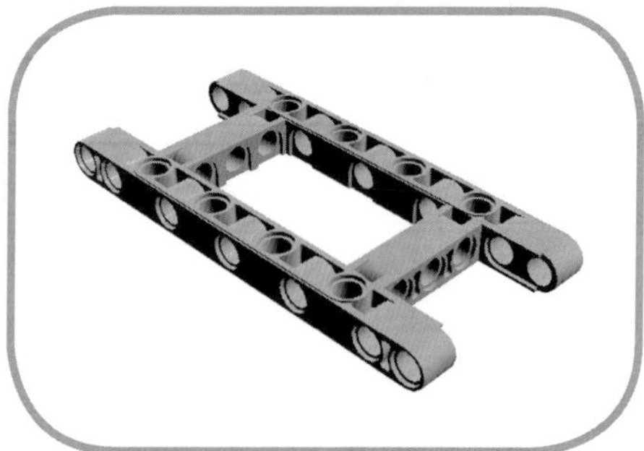

图 1-21b　5X11 H 形框架

1-4　齿轮

齿轮的作用是用来传递电机所产生的力量，通过不同的齿轮互相搭配，我们可以增加传送力的距离、改变力的方向、增加扭力或速度等。

◎ **正齿轮（Spur Gear）**

如图 1-22a ~ 图 1-22e 所示，我们根据齿轮的齿数来将齿轮进行分类，共有 8、16、24、40 这 4 种大小的正齿轮。齿轮中心的十字孔洞可以插入十字轴，再放入梁中的圆形孔洞固定位置。如图 1–22a 所示，我们将 24 齿和 8 齿的齿轮接在一起，请观察一下它们的转速是否一样。有关不同大小齿轮连接后所产生的效果，我们会在之后的专题进行介绍。

图 1–22a　8 齿与 24 齿正齿轮相接

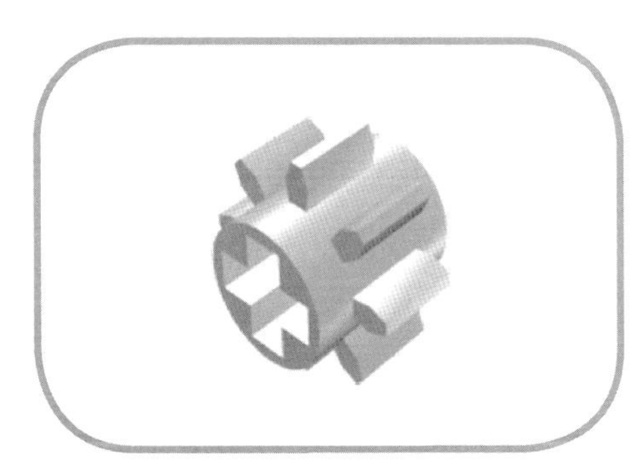

图 1–22b　8 齿正齿轮

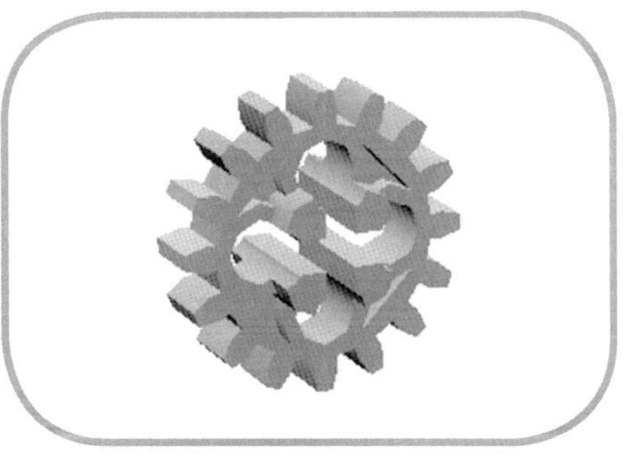

图 1–22c　16 齿正齿轮

图 1–22d　24 齿正齿轮

图 1–22e　40 齿正齿轮

◎**双面斜齿轮（Double Bevel Gear）**

乐高 EV3 中有 12、20、36 这 3 种齿数的双面斜齿轮。双面斜齿轮看起来比较厚，但其实它的厚度和正齿轮是相同的。两个双面斜齿轮除了可以平行连接以外，还可以直接垂直连接，如图 1–23a 和图 1–23b 所示。

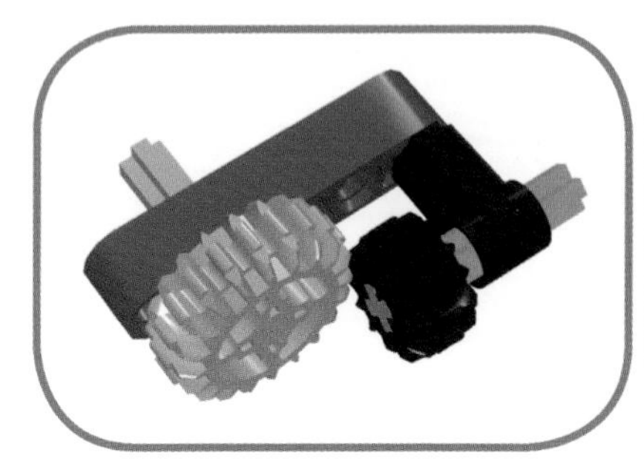

图 1–23a　20 齿与 12 齿双面斜齿轮垂直连接

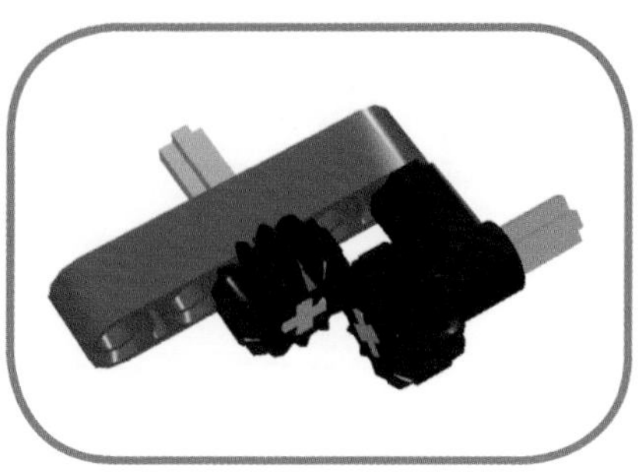

图 1–23b　两个 12 齿双面斜齿轮垂直连接

◎**球形齿轮——甜甜圈（Knob ）**

如图 1–24a 所示，这个零件长得很像甜甜圈，其实它是一个球形齿轮。如图 1–24b 和图 1–24c 所示，它们之间可以水平相接也可以垂直连接、为了方便记忆，文中我们就叫它甜甜圈。请注意甜甜圈无法和其他齿轮搭配使用，因为它的设计结构不一样。甜甜圈的齿面咬合深度特别深，是为了适应高扭力输出，避免齿轮跳齿或零件滑脱而特别设计的。

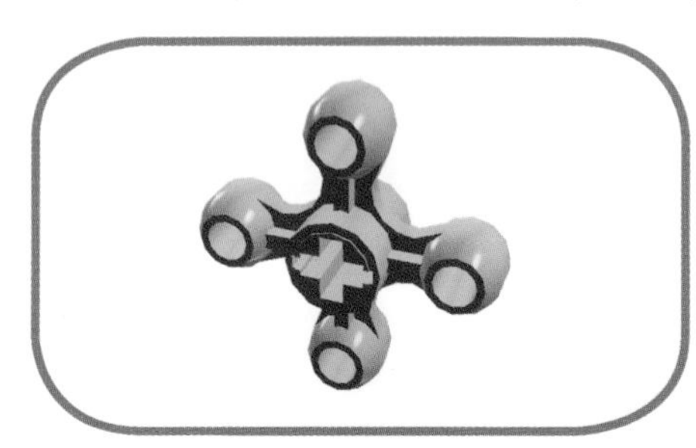

图 1–24a　甜甜圈

图 1–24b　甜甜圈垂直连接

图 1–24c　甜甜圈水平连接

◎蜗杆（Worm Screw）

蜗杆可以与各种大小的齿轮相连接，蜗杆每转一圈，与之连接的齿轮转动一个齿。请看图 1-25，我们将 8 齿正齿轮与蜗杆相接，蜗杆要转 8 圈才能带动齿轮转 1 圈。因此齿轮的转动速度会变得非常慢，但相对地，齿轮所在的那根轴的扭力也会变得很大。另外大家注意到了吗？当蜗杆与齿轮连接后，旋转蜗杆可以带动齿轮旋转，但旋转齿轮却没办法带动蜗杆旋转，这种情况被称为自锁（Self-Lock），我们也可以利用这种方式来避免机构被反向带动。

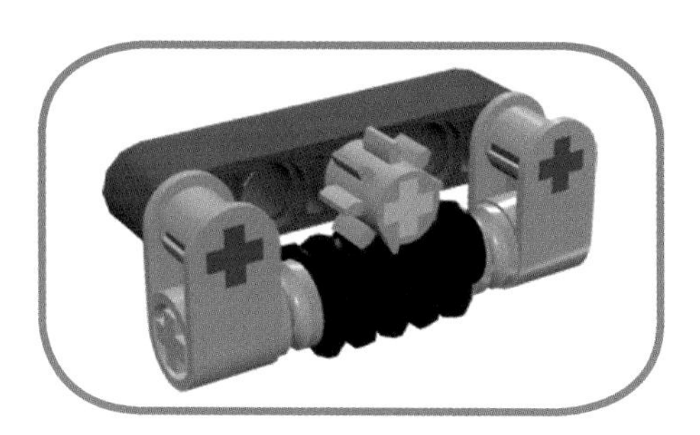

图 1-25　蜗杆搭配 8 齿齿轮

◎ 28 齿旋转底座（Turntable 28 Tooth）

如图 1-26 所示，旋转底座可以当作机器人的旋转底盘，我们可以利用齿轮或蜗杆来带动它旋转，要设计机器手臂底座或吊车时，这个零件会是非常好的选择。

图 1-26　28 齿旋转底座

1-5　连接器

连接器的种类非常丰富，可以用来连接各种零件，如轴、梁与齿轮等，使得我们可以搭建出更大型的结构。

◎长 / 短摩擦力插销（Friction Pin / Long Friction Pin）

如图 1–27a 和图 1–27b 所示，摩擦力插销是我们最常用到的零件之一，可以将它们插入乐高零件上的任何圆洞当中。

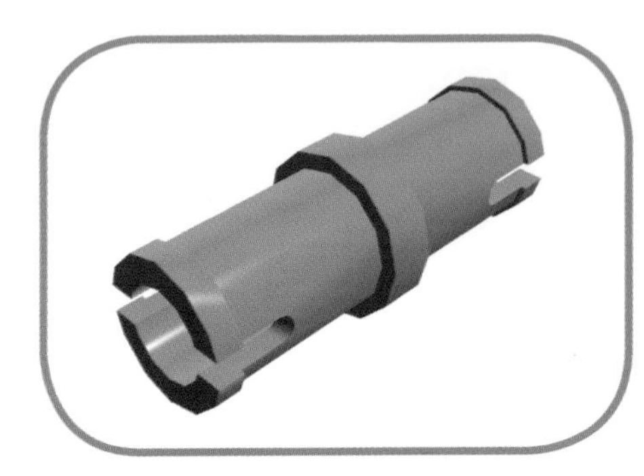

图 1–27a　短摩擦力插销

图 1–27b　长摩擦力插销

◎十字插销（Axle Pin / Friction Axle Pin）

十字插销一端可以用来连接齿轮或任何有十字形孔洞的零件，而另一端则可以插入梁的圆洞里。十字插销分为黄色与蓝色两种，蓝色的十字插销（见图 1–28a）表面有凸起，摩擦力较大因此较不易转动；而黄色的十字插销（见图 1–28b）则能在圆洞中顺畅地转动。

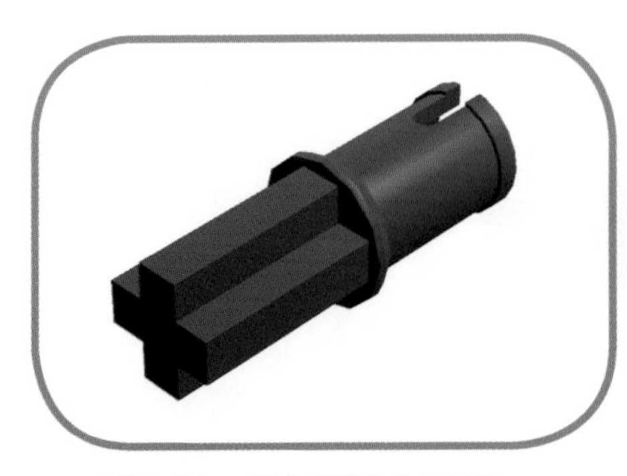

图 1–28a　蓝色摩擦力十字插销

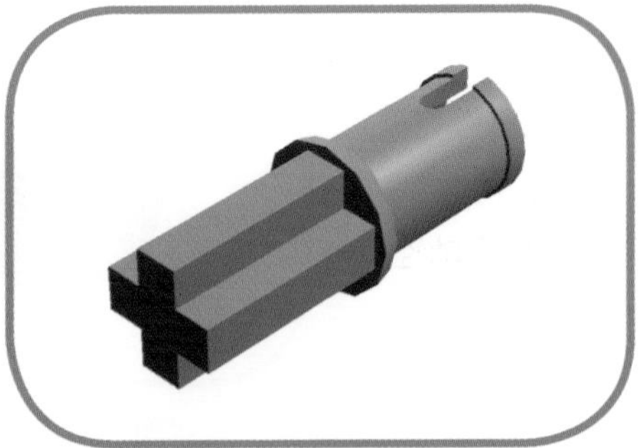

图 1–28b　黄色低摩擦力十字插销

◎十字轴套插销（Long Friction Pin with Stop Bush）

十字轴套插销（见图 1–29）的一端是轴的套，可以让十字轴插入其中，而另一端的插销则可与圆形孔洞连接。

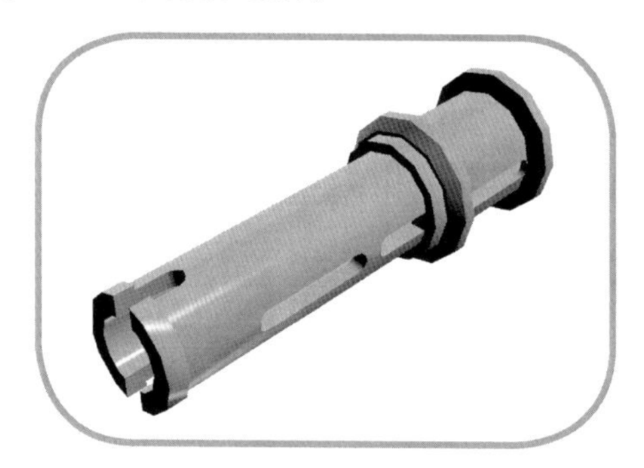

图 1-29　十字轴套插销

◎**垂直轴套插销（Double Bush）**

垂直轴套插销（见图 1-30）可以通过搭配长短摩擦力插销使用，与平滑梁上的孔洞垂直相配。

图 1-30　垂直轴插销

◎**轴连接器（Axle Joiner）**

在搭建过程中，有时候我们会碰到轴不够长的情况，这时就可以使用轴连接器将多根轴连接在一起，达到延长的效果。图 1-31 是使用轴连接器将两根 5M 轴连接在一起的情况。

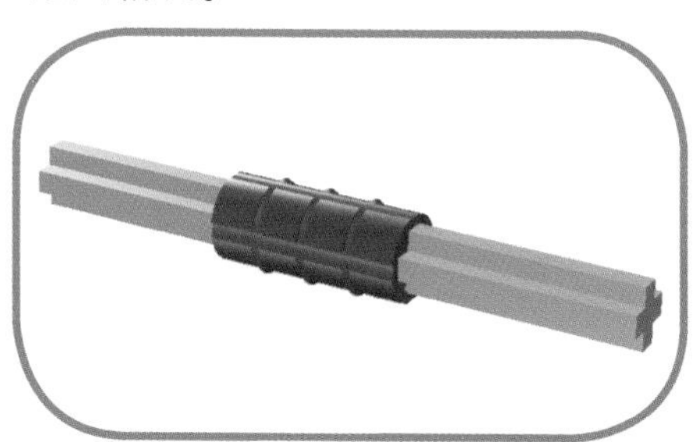

图 1-31　使用轴连接器连接两根 5M 轴

◎ H 形连接器（Axle Joiner Perpendicular 3L with 4 Pins / Pin 3L Double）

H 形连接器（见图 1–32）是一个较为复杂的单个零件，具有多个插销和圆形孔洞，可以实现零件的多方向连接，当然也可以让零件垂直相接。

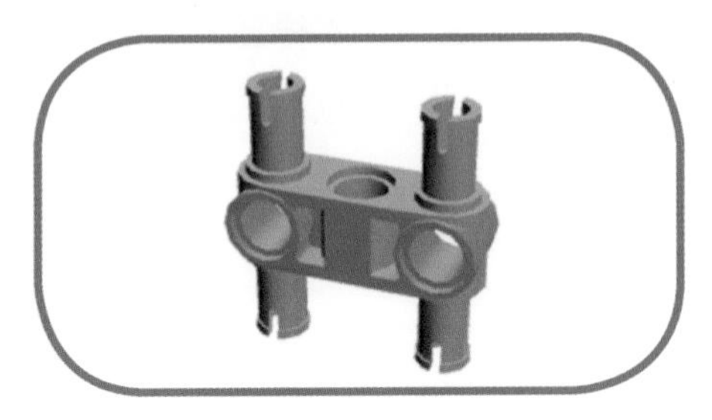

图 1–32 H 形连接器

◎ L 形连接器（Beam 3X3 Bent with Pins）

L 形连接器也是一个较为复杂的零件，L 形的梁是该零件的主体，外侧配以多个插销，可以将零件垂直相接。图 1–33a 和图 1–33b 是 L 形连接器本身与典型连接方式的展示。

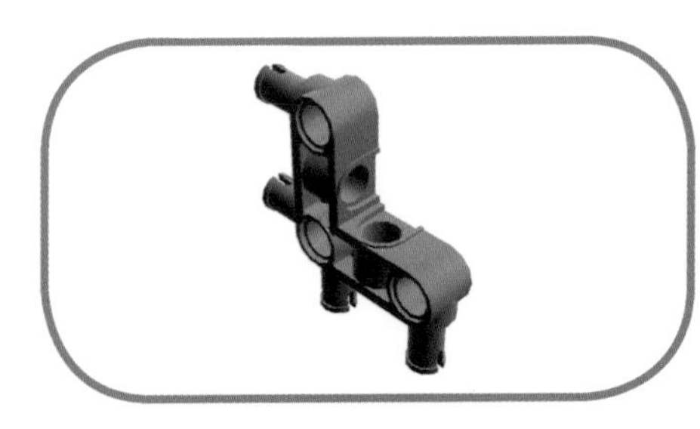

图 1–33a L 形连接器

图 1–33b 用 4 个 L 形连接器做成的方框

◎销头轴套——曲柄（Liftarm with Boss and Pin）

销头轴套（见图 1–34），也可以把它简称为曲柄。曲柄造型独特，看起来像个摇把，可以当作把手来使用，具体用法可参考第 7 章的项目。

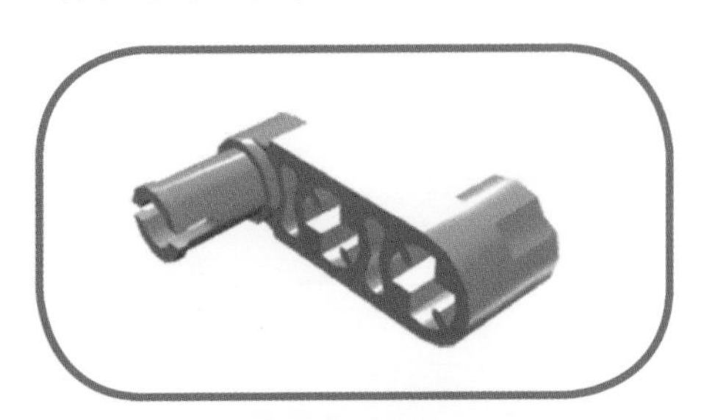

图 1–34 曲柄

◎**直立插销连接器**（Cross Block Fork 2X2 / Cross Block Fork 2X2 Split / CrossBlock 3X2）

直立插销连接器其实并没有插销，而是由轴套和圆形孔洞组成。如图 1-35a ~ 图 1-35c 所示，共有 3 种不同样式，分别为直立双孔插销、分开直立双孔插销和直立三孔插销，这类插销连接器可将多个彼此平行的插销固定于同一根垂直的轴上。

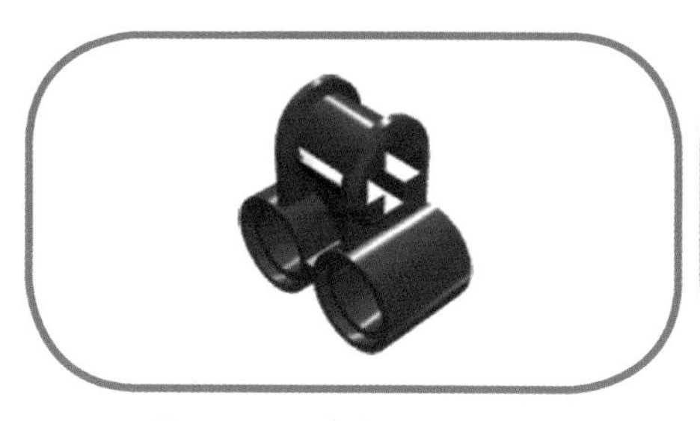

图 1-35a　直立双孔插销

图 1-35b　分开直立双孔插销

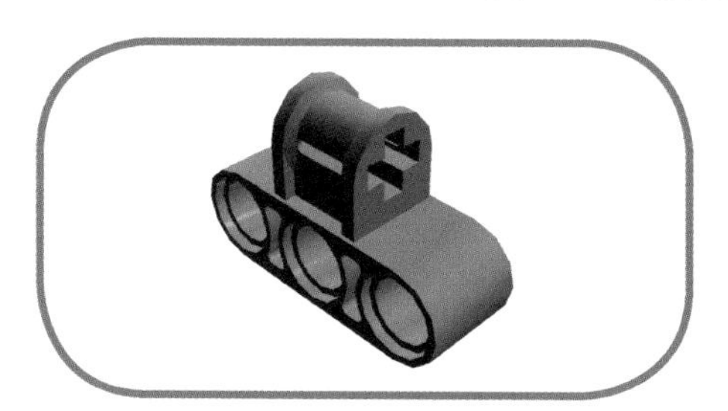

图 1-35c　直立三孔插销

◎**双插销连接器**（Axle Joiner Perpendicular with 2 Holes）

双插销连接器（见图 1-36）也没有插销，而是由轴套和圆形孔洞组成，与直立插销连接器类似，它也可将两个彼此平行的插销与轴垂直相接，只是方式略有差异。

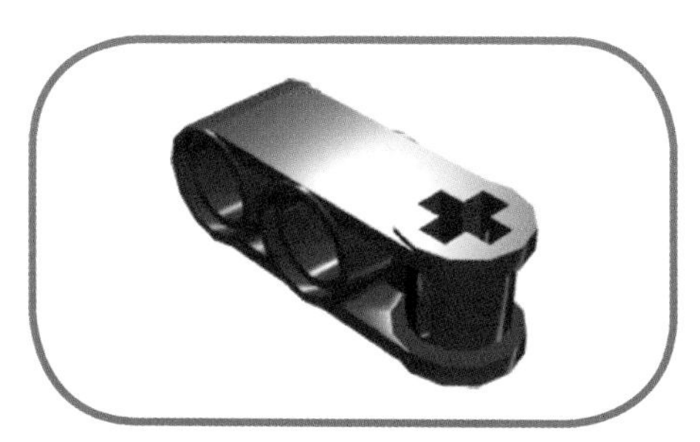

图 1-36　双插销连接器

◎**垂直、水平连接器（Axle Joiner Perpendicular / Beam 1X2 W / CrossAnd Hole）**

如图 1-37a 和图 1-37b 所示，这两种连接器，一端是十字孔（轴套），一端是圆形孔洞，可将带有插销和轴的零件垂直或水平连接。

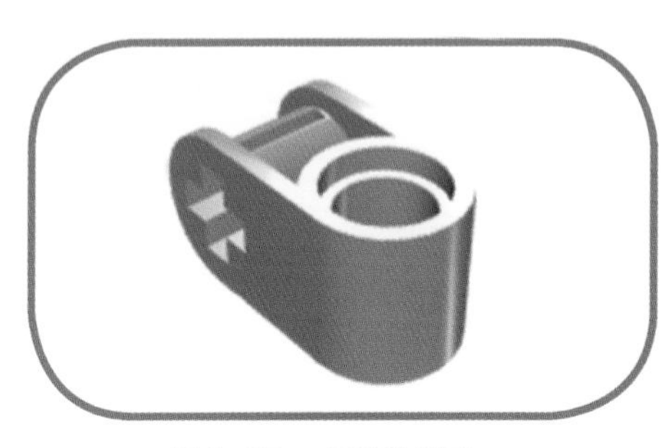

图 1-37a　垂直连接器

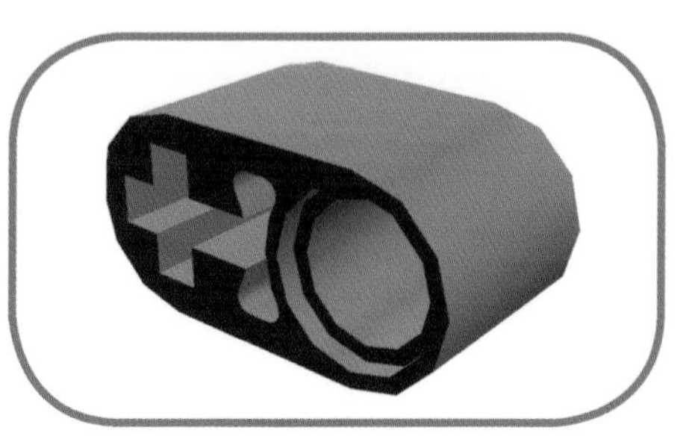

图 1-37b　水平连接器

◎ **3L 垂直连接器（Axle Joiner Perpendicular 3L）**

如图 1-38 所示，该连接器功能与垂直连接器相同，但长度多一个单位，共有两个十字孔轴套可供使用。

图 1-38　3L 垂直连接器

◎**角度连接器（Angle Connector #2 / #1 / #6）**

角度连接器是带有固定角度的连接器，一般有一到两个轴套，可以将两个轴按照特定角度进行连接，除此之外，中间的圆形孔洞也可让两个零件垂直连接。乐高中有 #1 ～ #6 共 6 种角度连接器，每一种可呈现不同的连接角度如图 1-39a ～图 1-39c 所示。

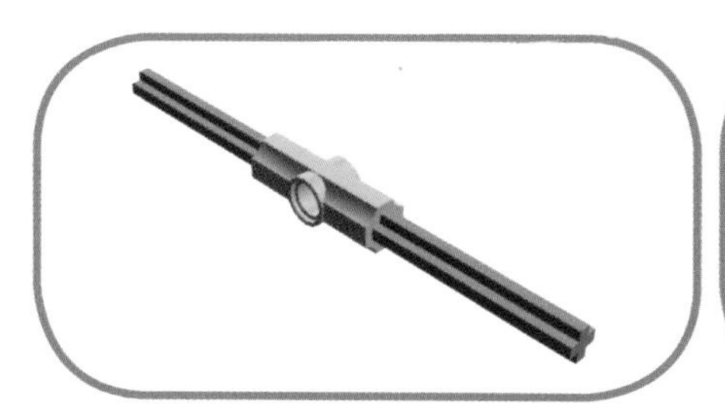

图 1-39a　#2 角度连接器

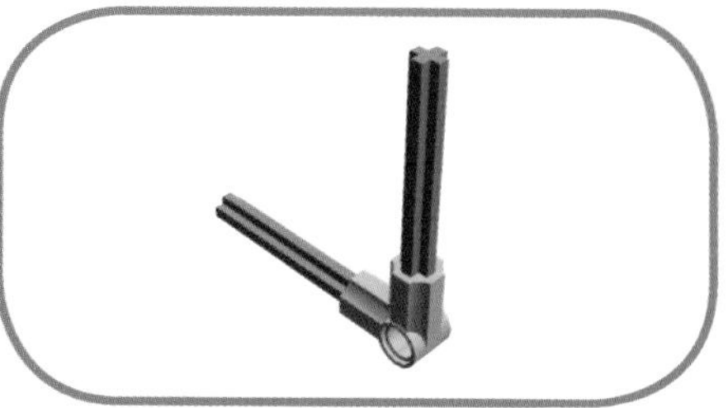

图 1-39b　#6 角度连接器

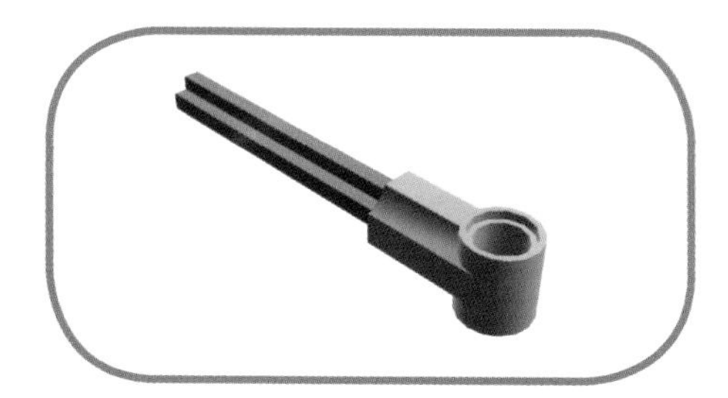

图 1-39c　#1 角度连接器

1-6　其他零件

EV3 盒子里还有轮胎、小人偶或一些装饰用的零件，它们可以让机器人看起来更加活泼可爱。

◎轴套——套筒（Bush / ½Bush）

轴套又称套筒，可以将零件固定在轴上，例如，可以用两个套筒分别从两侧夹住齿轮或滑轮，从而将他们的位置固定。套筒有 1 单位的灰色套筒（见图 1-40b）与 ½ 单位的黄色套筒（见图 1-40a）两种，½ 黄色套筒的厚度是灰色套筒的一半。

图 1-40a　½ 套筒

图 1-40b　套筒

◎**轮子（Wheel）**

EV3 机器人的轮子（见图 1-41a 和图 1-41b）有很多种选择，除了普通的橡胶轮之外，也有履带驱动轮可以配合履带使用。如图 1-42a 和图 1-42b 所示，你可以用它组装出一辆坦克车，这样机器人就会获得比较好的抓地力。一般来说，橡胶轮胎的胎壁上都会注明轮胎直径与轮胎宽度的规格，单位为毫米。图 1-41a 中两个轮子的规格分别为 43.2×26mm 和 56×26mm。轮子的大小和轮胎与地板的接触面积会影响机器人运动的效果，大家可以尝试不同种类的轮子，而选择合适的轮胎会让你的机器人健步如飞！

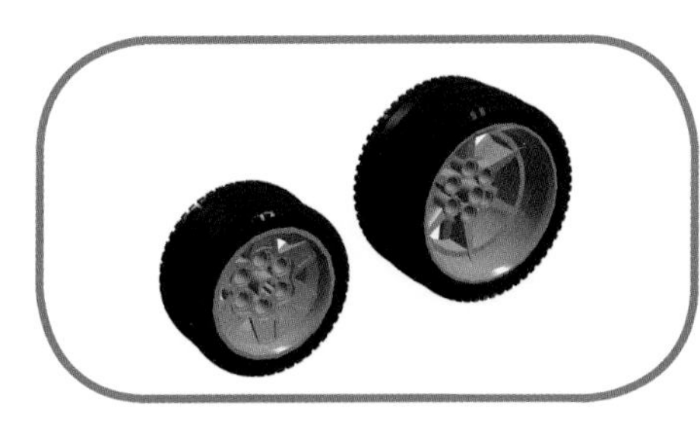

图 1-41a　不同规格的橡胶轮

图 1-41b　履带驱动轮

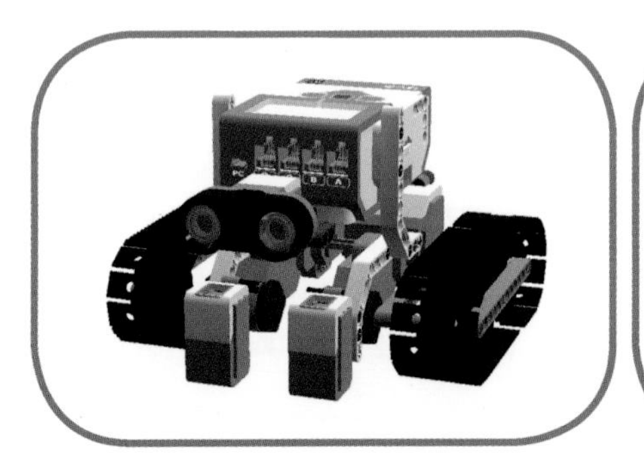

图 1-42a　履带车体

图 1-42b　履带车体

◎**外观零件**

外观零件（见图 1-43）除了可以让机器人看起来更活泼更帅气之外，也可以用来构筑造型，形成一个较大型的平面或曲面。

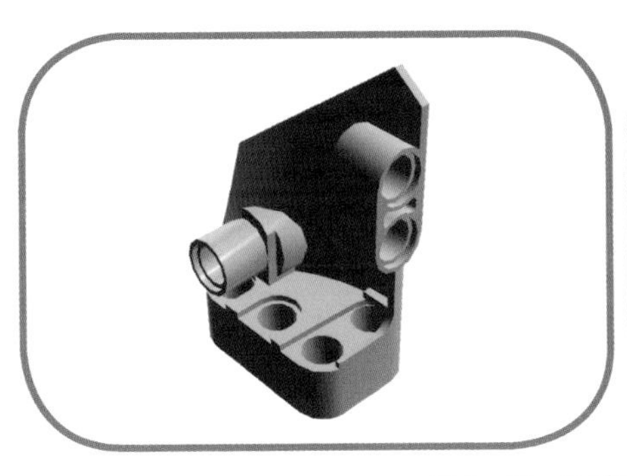

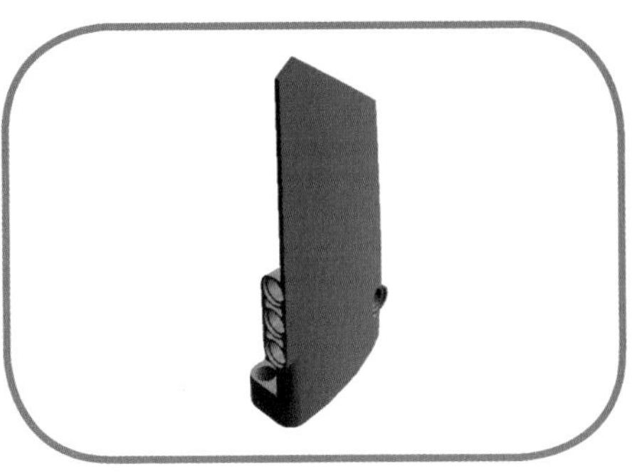

图1-43 各种不同的外观零件

第 2 章

自旋转陀螺仪

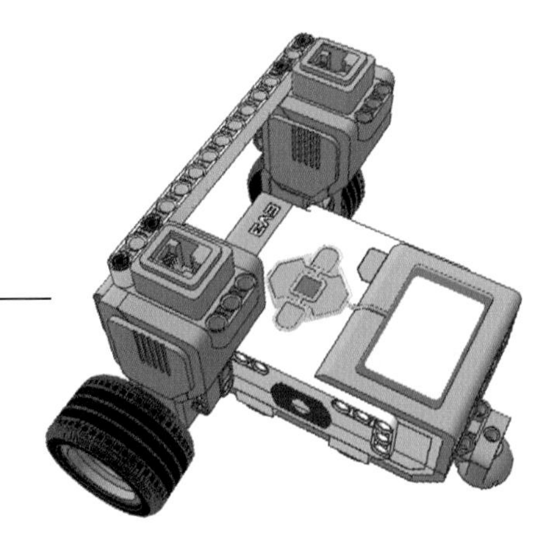

2-1 学习目标

本章将带你认识 EV3 主机上的各个菜单功能，包括检查设备状态、电机控制、红外线控制、模块化编程以及主机数据记录等功能，并利用 EV3 的模块化编程来制作自旋转陀螺仪这个小游戏机。

2-2 如何使用 EV3 主机

2-2-1 EV3 按键介绍

大家请看 EV3 主机的按键部分（见图 2-1），长按中间的深灰色按键便可以开机。左上方的按键相当于计算机键盘上的 Esc 键，可以把它当作具有相同功能的退出键。左右方向键可以选择窗口，而上下方向键则可以在窗口项目中上下移动。更加详细的内容会在 2-2-2 节进行介绍。

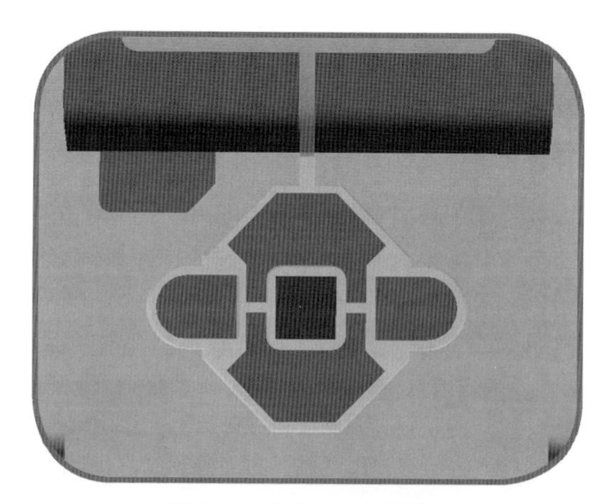

图 2-1 EV3 主机上的按键

2-2-2 菜单界面

首先我们长按中间的按键，等待 EV3 开机。开机后可以看到，在屏幕右上角有显示剩余电量的图标，当你开启蓝牙或者 Wi-Fi 功能时，右上角也会显现相应的图标。位于屏幕上方正中间的是这台主机的名字，在后面的章节中我们将会教你如何使用程序更改主机名称。如果想要关机，那么就按下主机左上方的返回键。

在开机后我们会看到屏幕上显示有 4 个可以切换的菜单界面，按下主机上的左右方向键就可以切换菜单，从左到右分别是：程序菜单、项目菜单（含有该项目中的所有程序、数据分析、图片及声音文件）、单机操作菜单（检查设备状态、电机控制、红外线控制、模块化编程、主机数据记录，这些都可以在主机上进行保存，但只能使用英文文件名）以及主机设置菜单（音量、休眠时间、蓝牙、无线与主机信息）等，请看接下来的详细介绍。

1. 最近使用过的程序菜单

如图 2-2 所示，这个菜单可以快速执行程序，但是如果你曾执行过多个不同的程序，那么每一个程序的名字都会是 Program（见图 2-3），在这种情况下，为了避免混淆以及保证选择的准确性，建议你在下一个菜单（项目菜单）中选择需要的程序。

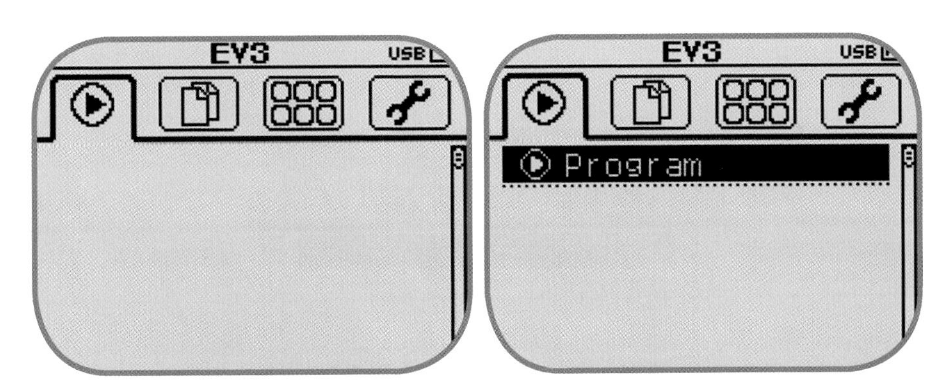

图 2-2　最左边的执行程序菜单　　图 2-3　选择程序列表中的 Program 就可以直接执行程序

2. 项目菜单

如图 2-4 所示，在这个选项中保存了 3 种类型的资料：第 1 种是在计算机端编写的程序，相应的内容会以项目的形式保存在主机中；第 2 种是使用 EV3 模块化编程（Brick Program）所编写的程序；第 3 种是用主机数据记录（Brick Datalog）功能取得的数据资料。当你的项目中包含多个程序时，可以在这个菜单中选择该项目中的任意一个程序来执行。

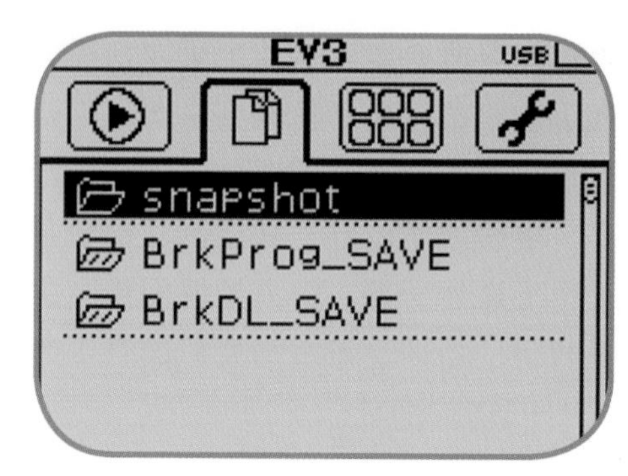

图 2-4　在项目菜单中，可以选择模块化编程或者预置数据中所获得的程序或数据，也可以从这里开启你用计算机编写的程序

3. 单机操作

如图 2-5 所示，第 3 个菜单当中有检查设备状态（Port View）、电机控制（Motor Control）、红外线控制（IR Control）、模块化编程（Brick Program）、主机数据记录（Brick Datalog）等功能，具体内容将在后面的章节中详细说明。

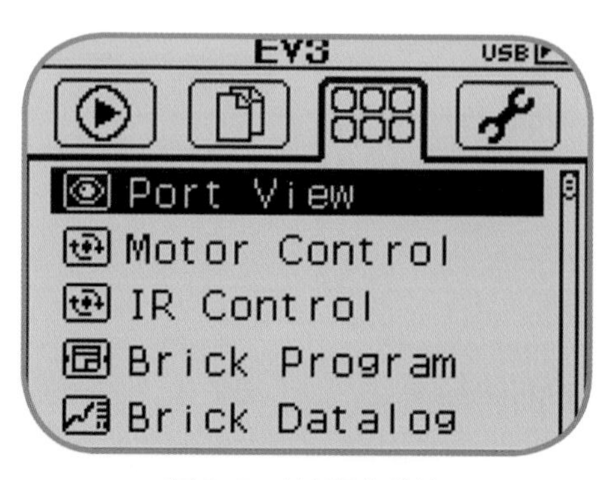

图 2-5　单机操作菜单

4. 主机设置

这个菜单中包含音量、休眠时间、蓝牙、Wi-Fi 等设置选项以及主机信息，详情请看下面的介绍。

a. 音量

音量可以通过左右方向键来调整，每按一次键以 10% 为单位来增加或减少，默认值为 100%（见图 2-6 和图 2-7）。

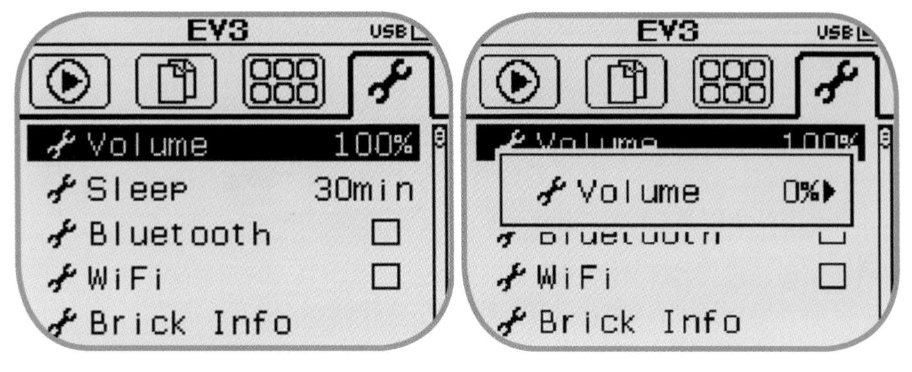

图 2-6　音量默认为 100%　　图 2-7　音量调整为 0

b. 休眠时间

休眠时间是指 EV3 在自动关机前所闲置的时间长度，默认时间长度为 30min（见图 2-8），也可以将 EV3 设置为不进行自动休眠（见图 2-9）。

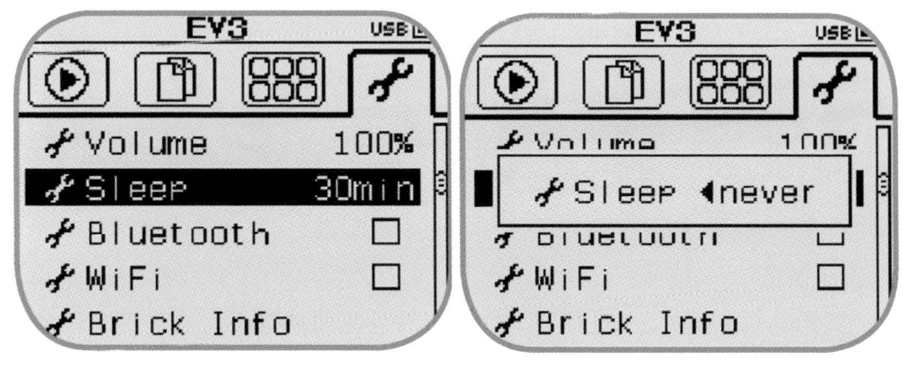

图 2-8　默认休眠时间为 30 分钟　　图 2-9　将 EV3 设置为不进行自动休眠

c. 蓝牙

EV3 的蓝牙通信功能是默认关闭的（如图 2-10 所示），因为开启蓝牙会让主机消耗更多电量。你可以在主机设置界面中启动蓝牙，检查已连接的设备（Connections），设置是否可以被其他设备找到（Visibility），关闭蓝牙，以及设置是否可与 iPhone / iPad / iPod 连接，如图 2-11 所示。

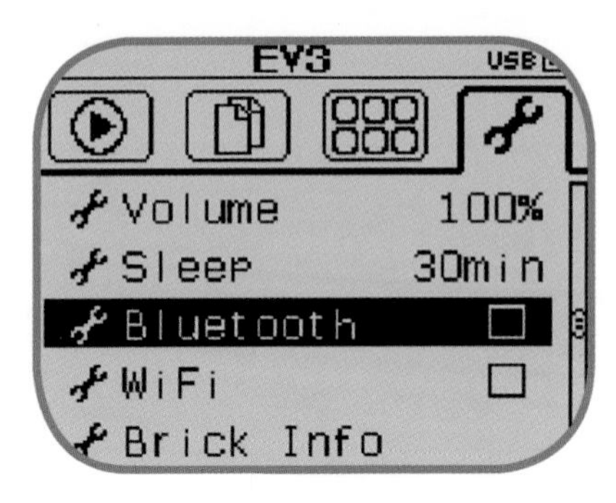

图 2-10 设置蓝牙是否开启

图 2-11 蓝牙功能相关菜单

＊如果你的 Android 手机无法与 EV3 建立蓝牙连接，详情请参阅 CAVEDU 网站。

d. Wi-Fi

你必须外接 USB 无线网卡才可以使用 Wi-Fi 功能。如图 2-12 和图 2-13 所示，完成 Wi-Fi 开启。

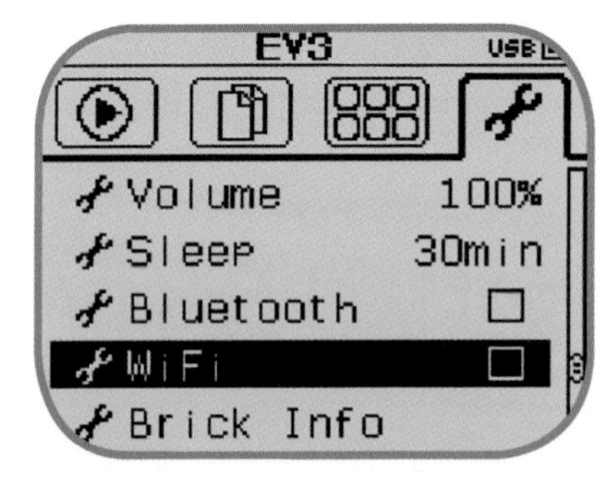

图 2-12 设置 Wi-Fi 是否开启

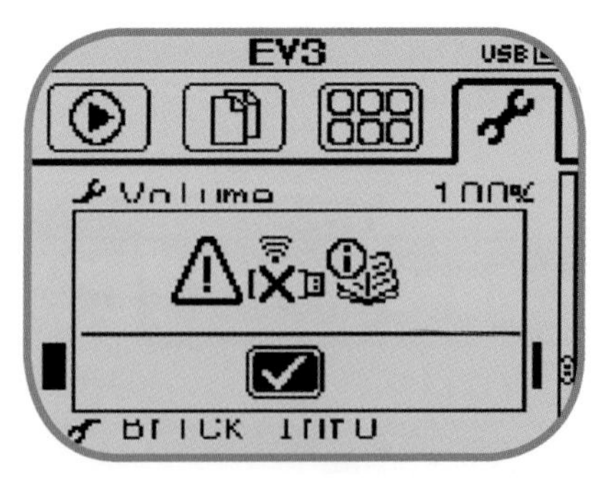

图 2-13 启用 Wi-Fi

e. 主机信息

如图 2-14 和图 2-15 所示，你可以看到主机的硬件、固件信息以及蓝牙 MAC 地址。

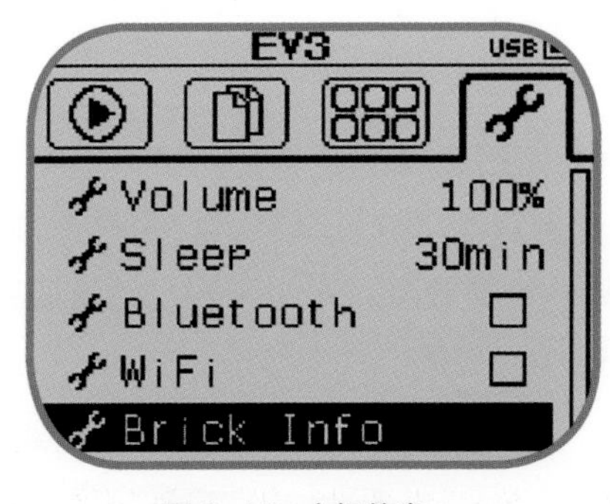

图 2-14 主机信息

图 2-15 程序块信息

2-2-3　检查设备状态

EV3 有一个非常棒的功能，就是可以通过检查设备状态（Port View）这个模块进而直接检查每一个端口所连接的设备状态（见图 2-16），你不需要运行 EV3 程序就能确认传感器或者连接线功能是否正常。而且，即使是 NXT 的电机和传感器连接到 EV3 上也可以被检测出来，并且可以识别并显示该设备是 NXT 的电机或传感器。

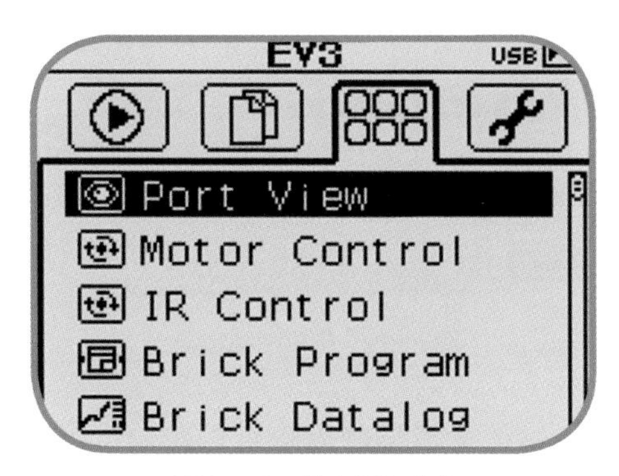

图 2-16　检查设备状态

在图 2-17 和图 2-18 中，上方的区域是可连接电机的 A~D 端口，虚线表示没有接任何装置。下方的区域是传感器可以连接的 1~4 端口，在图 2-17 中，端口 1 连接的触动传感器的状态为 0（释放），同时端口 2、3、4 也连接了其他传感器。

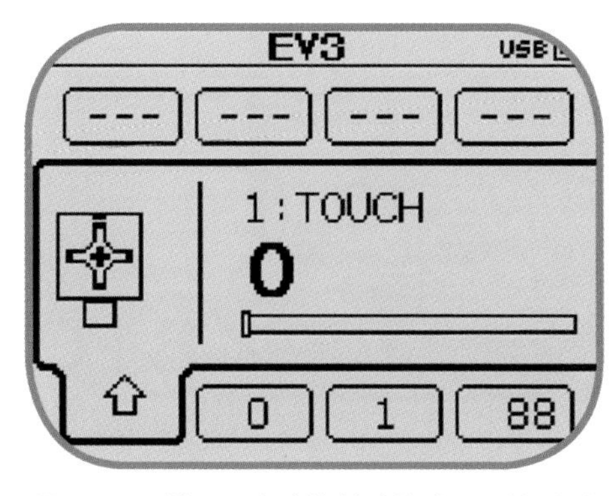

图 2-17　端口 1 上连接触动传感器，侦测到的值为 0，代表按键为释放状态

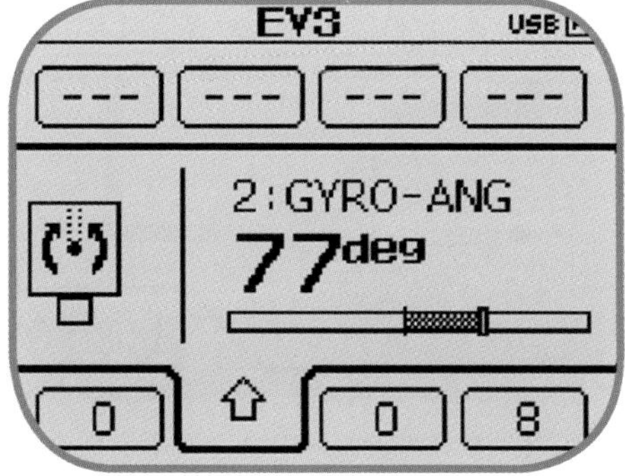

图 2-18　端口 2 接上陀螺仪传感器，探测到的角度为 77°，你可以通过按下中间键来切换探测单位，例如：陀螺仪传感器可以将单位从角度切换为角速度

2-2-4 电机控制

如图 2-19 所示，EV3 内设独立的电机控制（Motor Control）功能，使用该功能时，你不需要编写程序就可以直接对电机进行控制。

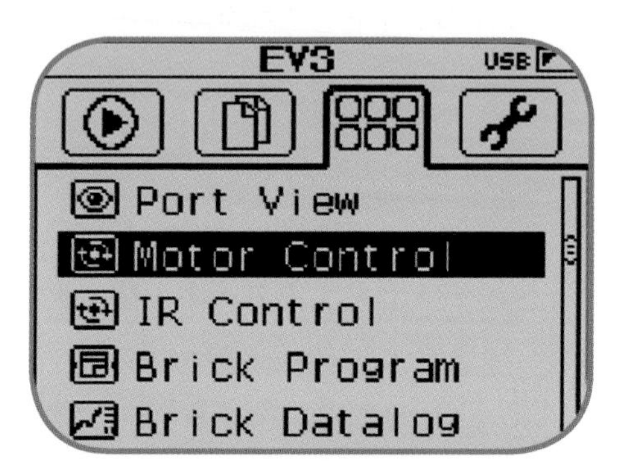

图 2-19 电机控制功能

如图 2-20 所示，进入电机控制界面后，我们可以看到上下方向键为控制 A 电机的控制按键，左右方向键为控制 D 电机的控制按键。你也可以通过中间的按键来切换被控制的两组电机，可以是 A+D 或 B+C（见图 2-21）。在每一种组合当中，两个方向键分别控制电机的正转及反转。大家可以实际操作一下以便熟悉界面的使用方法。

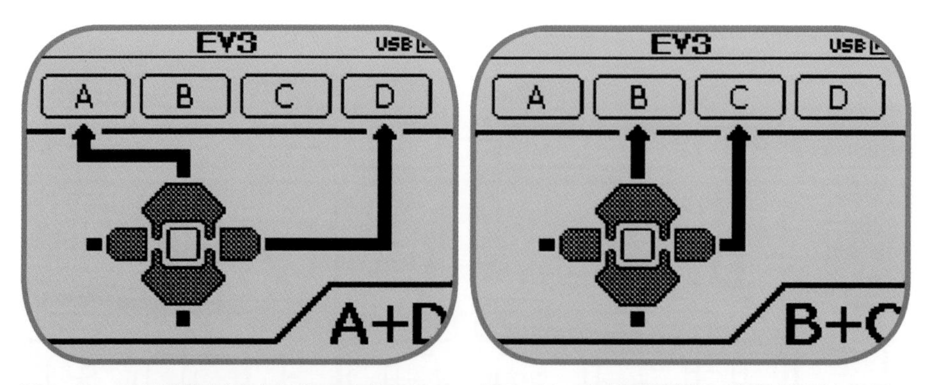

图 2-20 默认被控制的电机为 A 电机和 D 电机，左右方向键可以控制 D 电机的正反转，同理上下方向键可以控制 A 电机的正反转

图 2-21 按中间的按键可以将被控制电机切换为 B 电机和 C 电机

2-2-5 红外线控制

如图 2-22 所示，EV3 还支持红外线控制（IR Control）功能，这项功能可以让 EV3 利用红外线传感器来接收从远程红外信标发送的红外线信号。红外线传感器只会在程序中指定的频道上检测信号。如图 2-23 所示，默认的设置是频道 1 和频道 2。如图 2-24 所示，按下中间键，可以将红外线控制功能切换至频道 3 和频道 4。

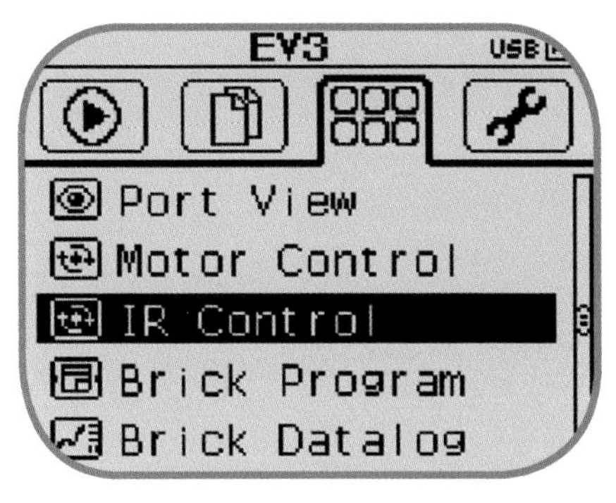

图 2-22 红外线控制

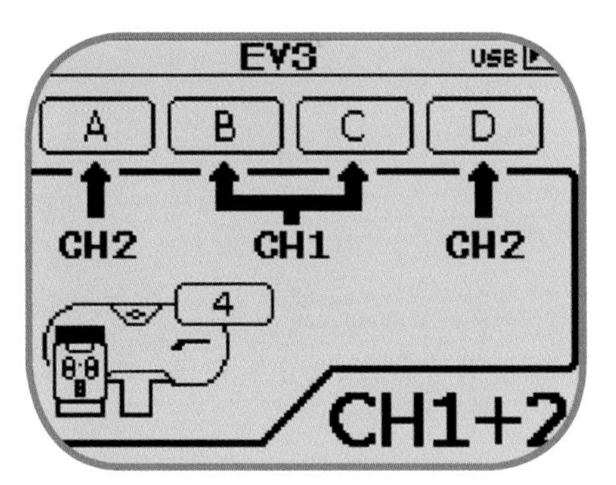

图 2-23 默认的设置是频道 1 和频道 2

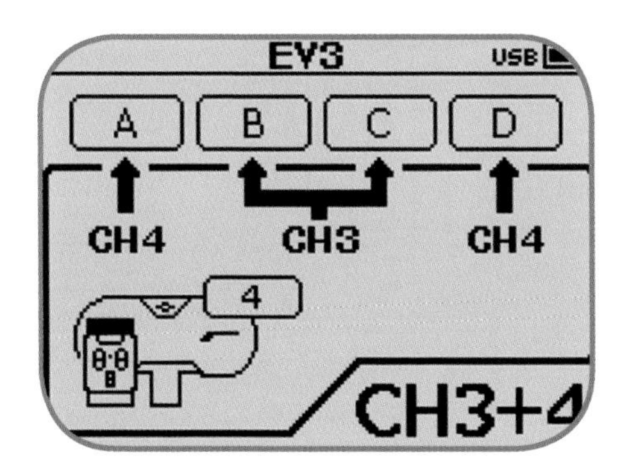

图 2-24 按下中间按键来将频道切换为 3 和 4

2-2-6 模块化编程

EV3 主机提供了模块化编程（Brick Program）功能，你可以通过该功能直接在主机上编写简单的机器人程序并马上执行。不包含起始指令和结束指令的话，模块化编程最多共可有 16 个指令。图 2-25 中左侧的两个图标分别为“读取文件”以及“保存”，白色正方形光标代表现在你将选取的位置，你可以使用 EV3 主机上的按键移动位置，选取并插入各种指令。

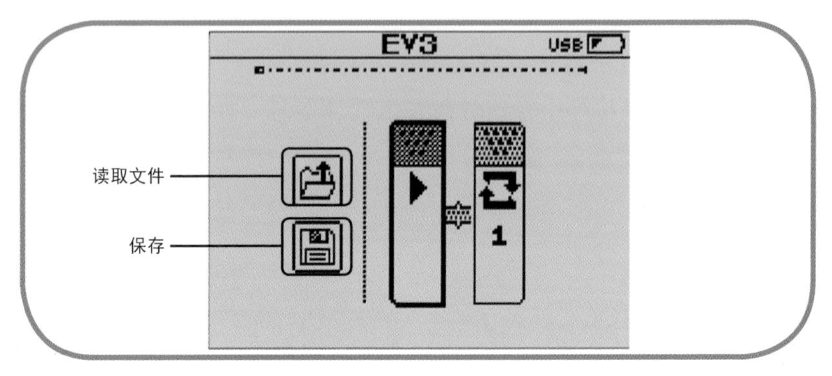

图 2-25 模块化编程起始画面

如图 2-26 所示，当白色正方形光标停留在节点上时，你可以按下 EV3 的上方向键，在两个指令之间插入新指令。

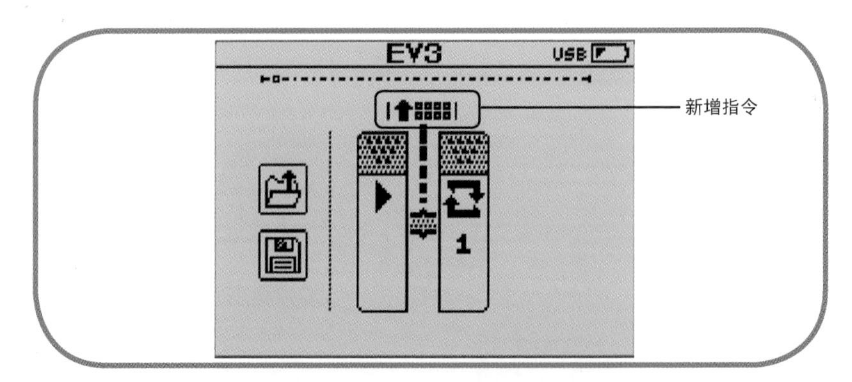

图 2-26 在两个指令之间插入新指令

EV3 在模块化编程功能中，提供了下列输入选项，请参考图 2-27 以及图 2-28。

1. 温度传感器（图 2-27 上左一）
2. 中型电机角度传感器（图 2-27 上左二）
3. EV3 主机按键（图 2-27 上右二）
4. 时间（图 2-27 上右一）
5. 超声波传感器（图 2-27 下左一）
6. 红外线传感器（图 2-27 下左二）

7. 红外线发射器（图 2-27 下右二）
8. 陀螺仪（图 2-27 下右一）
9. 触动传感器（图 2-28 下左一）
10. 颜色传感器的光源探测模式（图 2-28 下左二）
11. 颜色传感器的颜色探测模式（图 2-28 下左三）

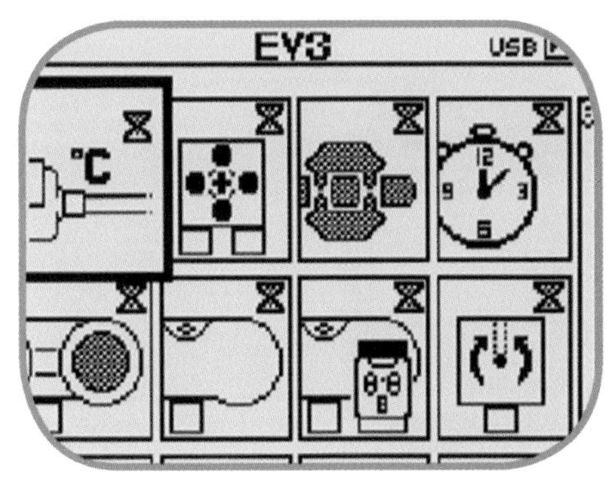

图 2-27　模块化编程输入选项 传感器 -1

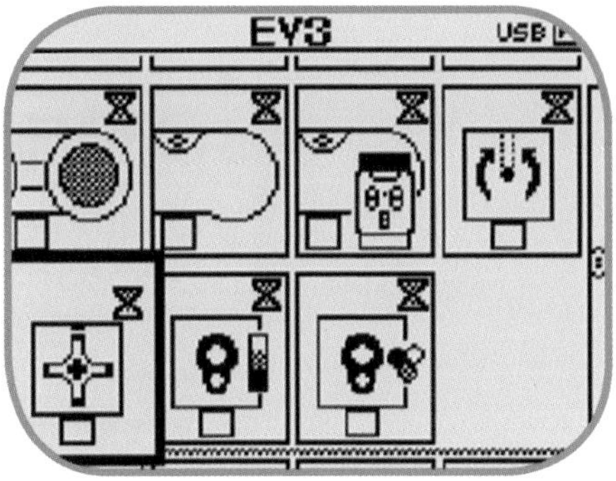

图 2-28　模块化编程输入选项 传感器 -2

EV3 在模块化编程中，提供了以下的输出选项，请参考图 2-29。

1. 屏幕显示图片（图 2-29 上左一）
2. 声音（图 2-29 上右二）
3. EV3 主机按键（图 2-29 上右一）
4. 中型电机（图 2-29 下左一）
5. 大型电机（图 2-29 下右二）
6. 双电机（图 2-29 下右一）

你也可以使用图 2-29 中左下角的“垃圾桶”图标来删除指令。

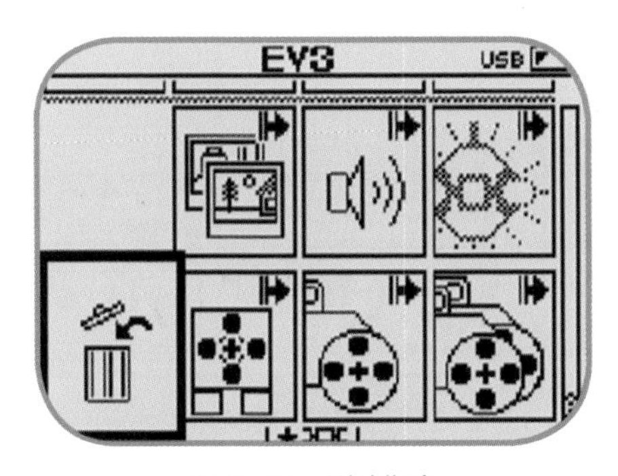

图 2-29　删除指令

2-2-7 主机数据记录

EV3 有主机数据记录（Brick Datalog）功能，可以记录你所使用的传感器以及电机在一定时间内的数据。如图 2-30 所示，主机数据记录支持自动识别功能，只要将设备连接到 EV3 主机，该功能就会自动启动。

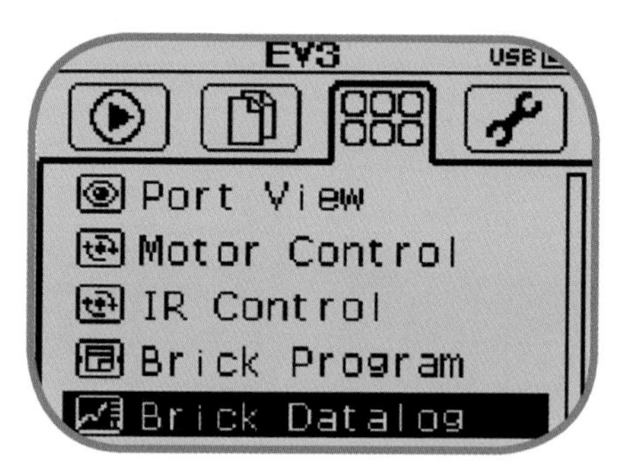

图 2-30 主机数据记录选项

如图 2-31 所示，最上面的数字为当前测得的数值，下面一项则是记录进行的时长。接下来的项目为数据记录的最大值、数据记录的最小值、数据记录的平均值。屏幕最下方的圆形为数据记录开始 / 结束按键，扳手图标则是设置菜单，可在此调整采样频率和传感器设置等。图 2-31 所示为 3 号颜色传感器的相关数据，图 2-32a 则是 A 电机的转动角度。图 2-32b 是采样频率的设定界面，图 2-32c 是传感器的设定界面。

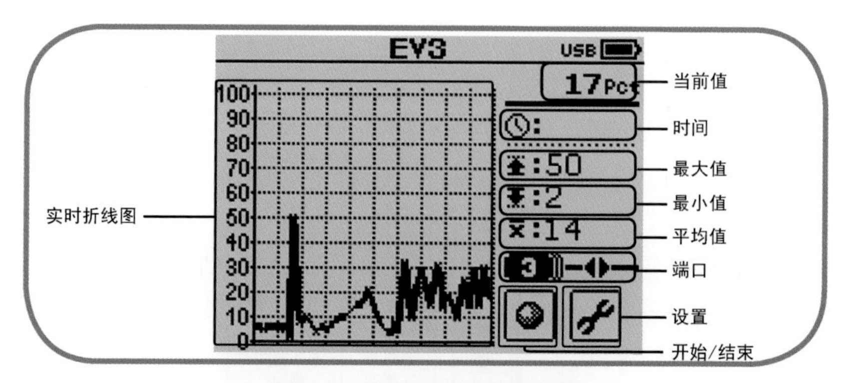

图 2-31 主机数据记录初始画面

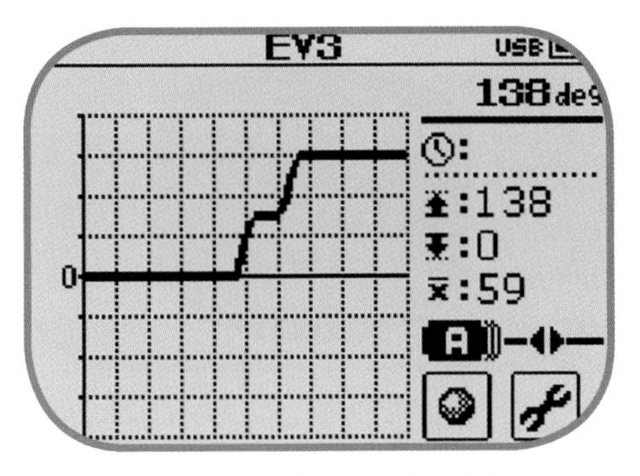

图 2-32a 探测 A 电机的转动角度

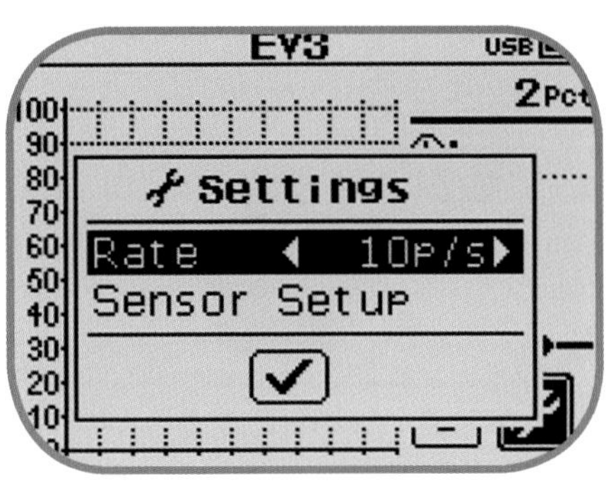

图 2-32b 设定采样频率界面

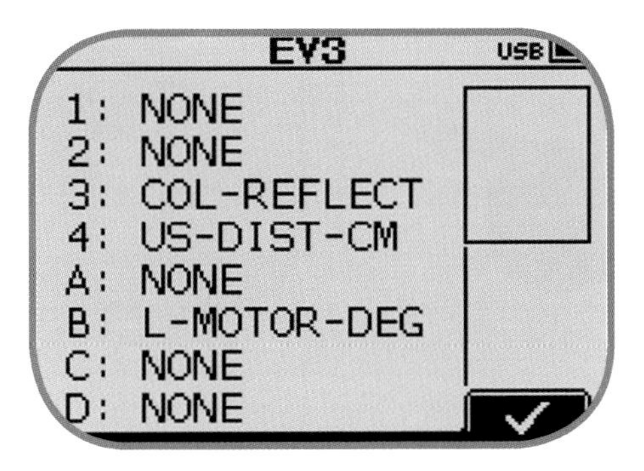

图 2-32c 传感器设定界面

2-3 模块化编程

在这一节中，我们将以一个自旋转的陀螺游戏项目来展示如何在 EV3 主机上完成模块化编程，告诉你如何控制电机、音效和运行时间，以及如何使用触动传感器来控制电机的转动和停止。

2-3-1 制作陀螺仪结构

原理：通过齿轮组相互作用使得陀螺可以实现高速自旋转！

如图 2-33a ~ 图 2-33d 所示，不同的齿轮组合可以实现加速或减速的效果，而让陀螺旋转需要的是加速，因此我们将大电机连接到大齿轮（40 齿）上。因为平滑梁的洞是圆的，所以十字轴在其中可以自由旋转，因此当我们将十字轴和轮胎等零件制作的陀螺放开时，它就可以顺利旋转了。陀螺上的小齿轮与陀螺仪上的大齿轮相连可以使陀螺旋转的速度比电机更快，用小齿轮（8 齿）将陀螺与大齿轮连接，可以使陀螺得到电机转速 5 倍的加速（40 ÷ 8=5）。

图 2-33a　横梁使电机能带动 40 齿的大齿轮

图 2-33b　使用十字轴搭配小齿轮以及轮胎来组成陀螺，你也可以自行设计其他样式

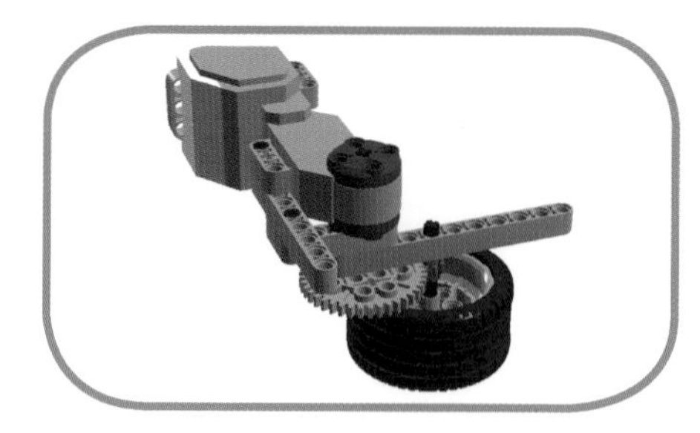

图 2-33c　将陀螺插入圆洞中即可使齿轮咬合

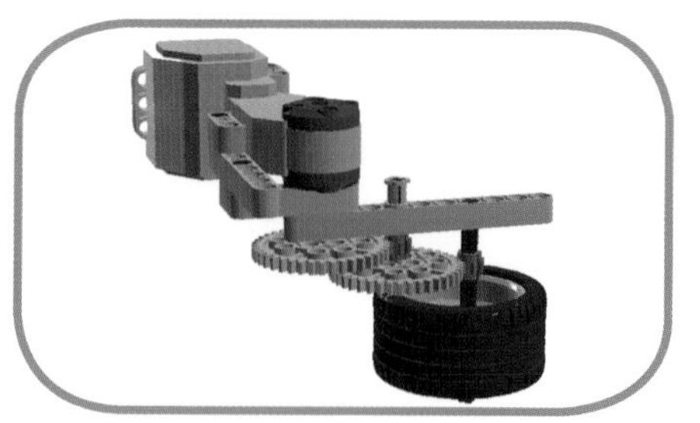

图 2-33d　加入第 2 组齿轮来提高转速（1 ∶ 25）

2-3-2　如何新增指令以及调整参数

如图 2-34a 所示，将光标移到两个指令之间的节点，按下向上的方向键就可以选取要插入的指令。如图 2-34b 所示，如果需要调整参数，则在光标位于该指令时按下中间的按键选定，接下来就可以使用上下方向键调整参数，调整完成后再单击中间的按键就可以再次移动光标选择其他的指令或节点。如图 2-34c 所示，按下右方向键可以新增下一个指令。

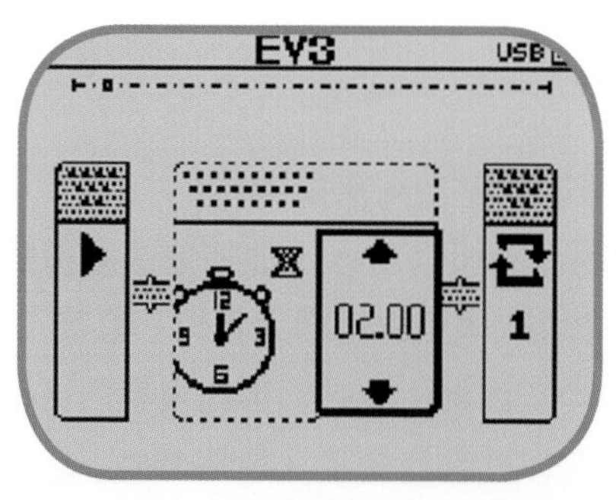

图 2-34a　插入一个等候指令，默认数值为 2s

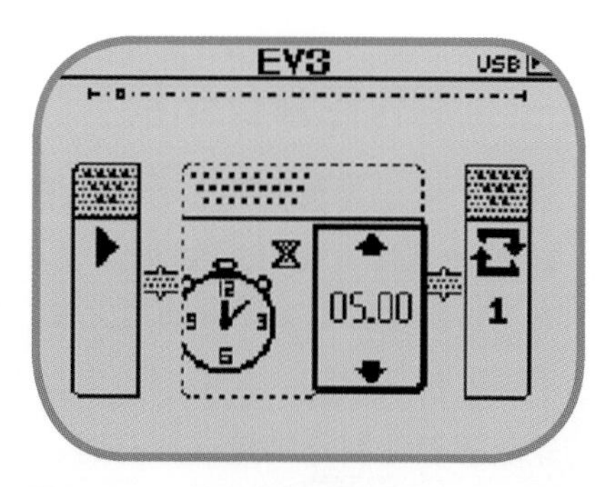

图 2-34b　按下中央键后可用上下方向键将时间调为 5s

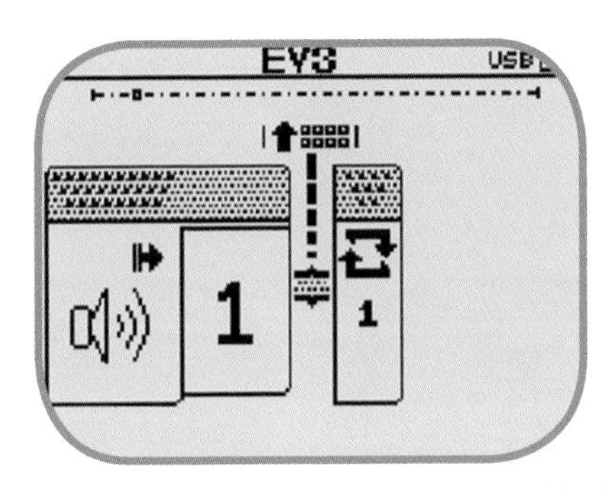

图 2-34c　按下右方向键准备新增下一个指令

2-3-3　制作陀螺仪的旋转程序

在本程序中，EV3 将被设计为，在发出音效 1s 后即进入等待期，在使用者按下按键后就可以开始带动陀螺旋转！

1. 声音播放（声音 + 时间）

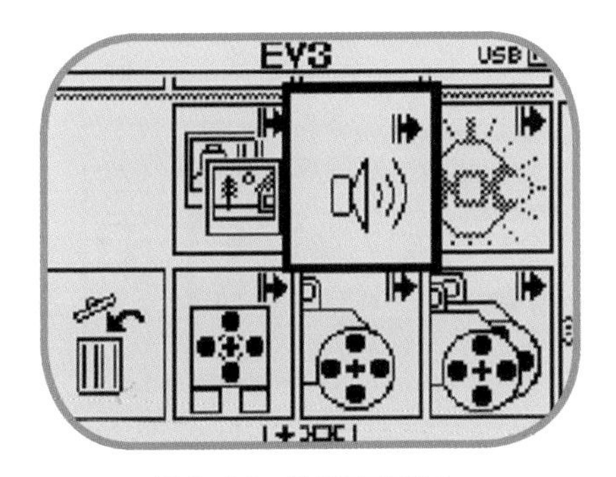

图 2-35　选取声音指令

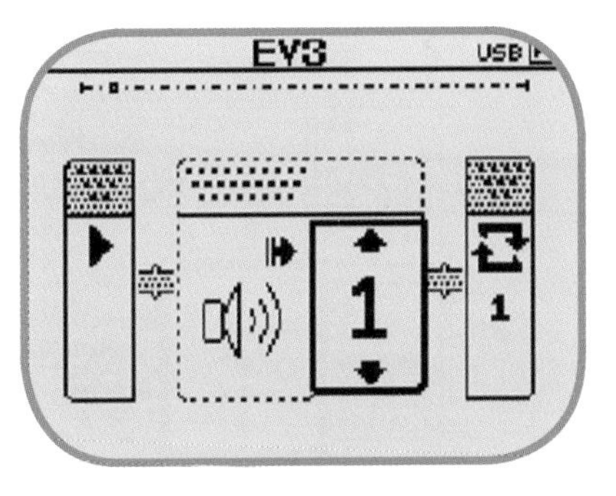

图 2-36　播放 1 号音效

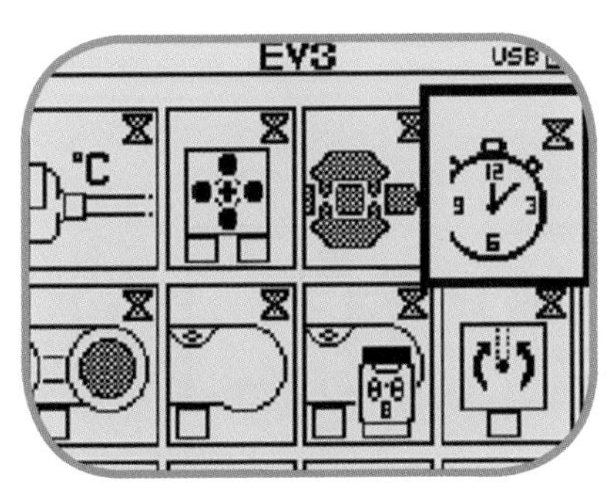

图 2-37　选取时间指令

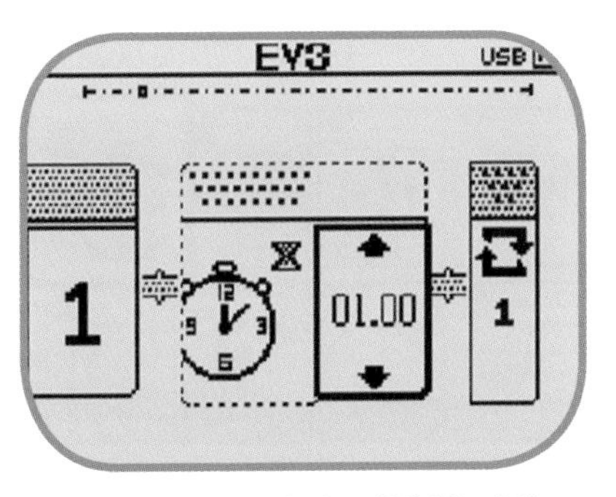

图 2-38　加上时间指令，并将其设定为 1s

如果只有确放入声音指令而未放入时间指令，就会使得声音执行的时间长度不明，这样 EV3 便会产生短暂杂音，然后直接执行声音的下一个指令。

2. 等待按键按下

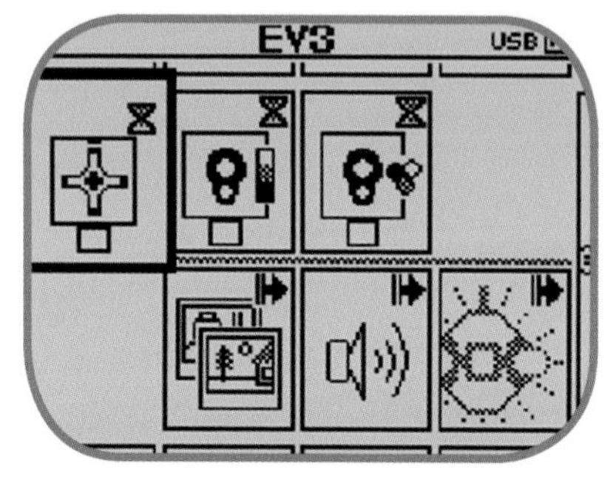

图 2-39　选取等候触动传感器指令

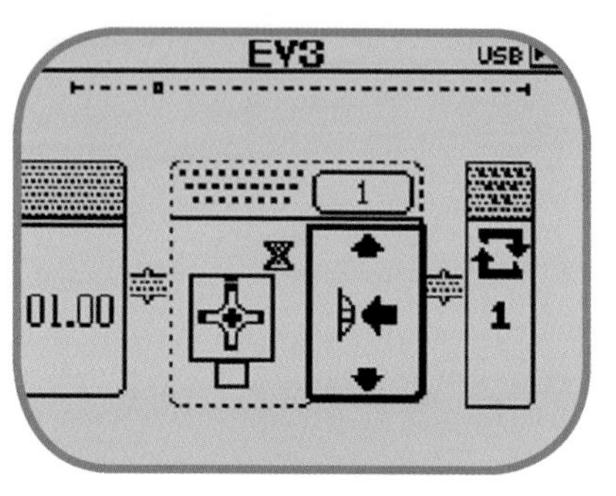

图 2-40　将触发条件设置为压下

3. 陀螺旋转——大型电机转动（大电机-D+ 时间）

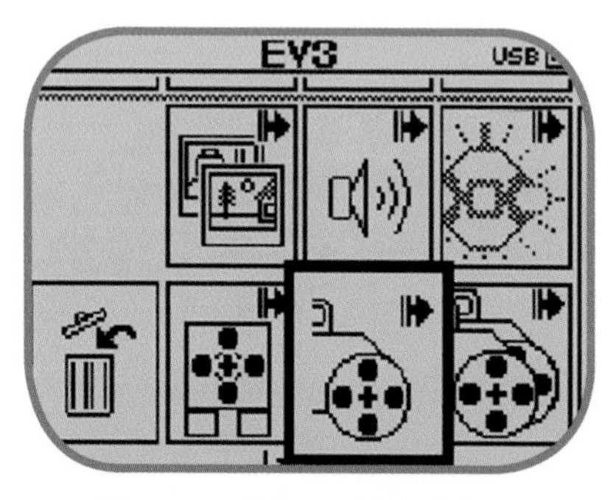

图 2-41　选取大型电机指令

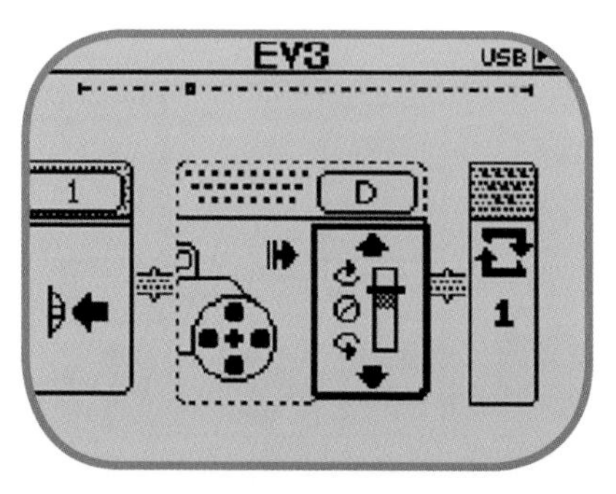

图 2-42　将大型电机指令调整为正向旋转

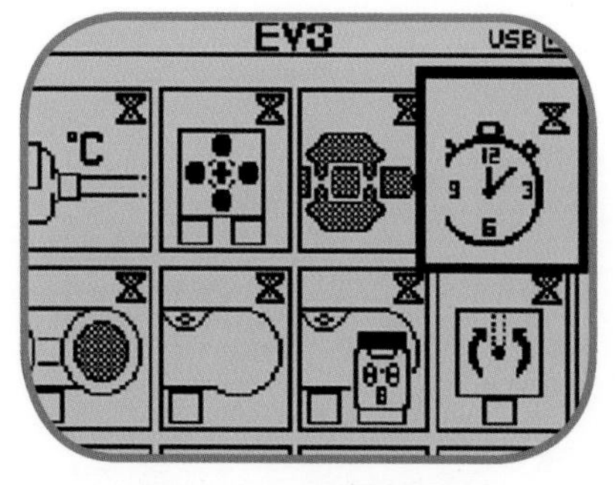

图 2-43　选取时间指令

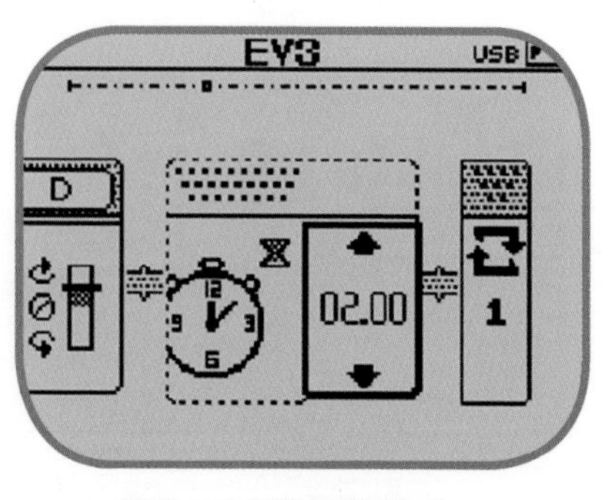

图 2-44　设定时间为 2s

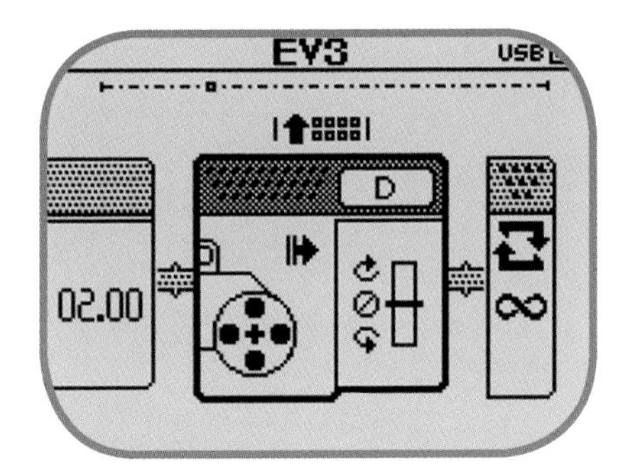

图 2-45　再新增一个大型电机指令，将电力向下调整到 0，代表停止转动

4. 结束条件设定（无限循环）

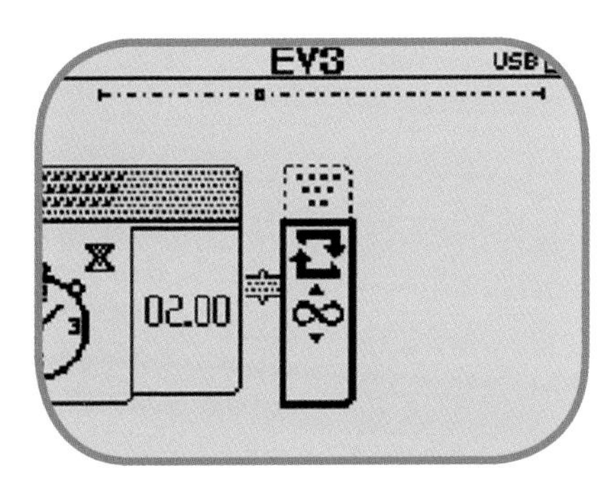

图 2-46　结束条件设定为无限循环（持续按上方向键）

2-4　小结

本章依次介绍了 EV3 主机上的各个菜单功能，你可以随时检查各设备的实时状态，还能直接在主机上编写程序，或者使用主机数据记录功能来记录传感器或电机的状态变化过程，这些都是非常方便的功能。通过本章的阅读，你已经踏入了 EV3 奇幻世界的大门，欢迎你！

2-5　延伸挑战

1.（　）电机控制菜单中可以切换被控制的电机。

2.（　）检查设备状态菜单中可以检测到 NXT 的所有设备。

3.（　）红外线控制中如果频道对应不正确，则 EV3 无法正确经由远程红外信标来遥控。

4.（　）模块化编程中的指令不包含下列哪一项?

A. 传感器

B. 电机

C. 计数器

D. 逻辑

5. 请用模块化编程功能设计一辆小车，当按下触动传感器时车子会前进，再按一下就会后退，还能重复执行。

6. 请用模块化编程功能设计一个定时炸弹，倒计时 5s 之后立刻发出爆炸的音效。

第 3 章

EV3 程序环境介绍

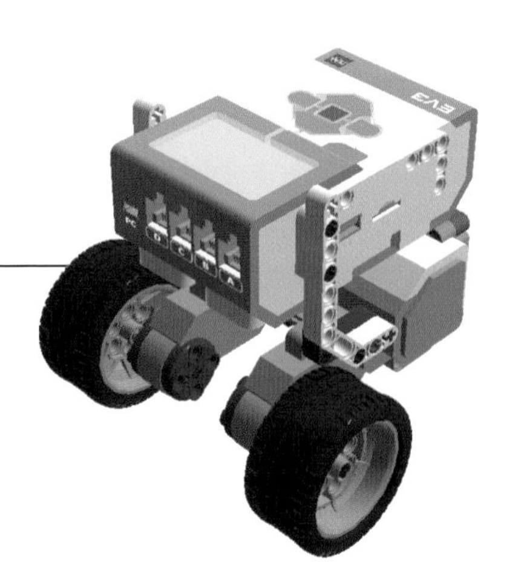

在本章中，我们会先对 EV3 软件环境做了基本介绍，以便让你快速上手。同时本章也会协助你动手编写第一个机器人程序，让你切身体会 EV3 编程的简单与快乐！在之后的章节中，我们会以不同的机器人案例专题来介绍程序设计的重要概念。下面就让我们一起开始学习吧。

3-1 如何安装 EV3 软件

3-1-1 如何获得 EV3 软件

为了让用户能轻松地使用 EV3 系统创作自己梦寐以求的机器人，乐高公司与美国国家仪器公司（National Instruments，NI）合作，以 NI 的主要软件平台 LabVIEW 为核心，开发出了一套简单易用的图形化编程软件。

EV3 软件目前根据不同的销售渠道发行了两个版本。其中一个版本可以通过乐高网站直接免费下载，供购买零售版 EV3 套件的用户使用。

另一个版本则是由乐高教育部门发售，必须付费购买序列号，并通过单击自授权文件中的下载链接，才能进入乐高教育部门的网站进行注册并下载。本书的说明、截图以及范例，均是基于乐高 EV3 教育版软件，这里还请特别注意。表 3-1 列出了两个版本各自的特点，供读者参考。

表 3-1 EV3 零售版与教育版的比较

	零售版	教育版
定价策略	免费	单机版，大量授权版
图像编辑器	有	有
音效编辑器	有	有
序列号	不需要	需要序列号才能启动
数据记录	无	有
内容编辑器	有	有
软件预置范例	17 个	10 个

3-1-2 安装 EV3 软件

在安装 EV3 软件之前，请先确定计算机是否符合 EV3 软件运行的基本要求：

操作系统	Windows XP 以后的版本 / Mac OS 10.6、10.7、10.8
CPU	1.5 GHz 以上
内存 RAM	2GB 以上
硬盘空间	700MB 以上
屏幕分辨率	XGA（1023×760）
USB 接口	1

获得 EV3 安装包之后，请依照下列步骤来安装软件。

步骤 1

请将其他程序关闭，确认后单击“下一步（N）>>”（见图 3-1）。

图 3-1　安装步骤 1

步骤 2

需要选择「学生版」（Student Edition）或者「教师版」（Teacher Edition）。此二者的区别在于，在后面制作报告时教师模式会有教师笔记（Teacher Notes）区域可以做注记，关于这点本书后面会有详细的介绍，确认选定后单击“下一步（N）>>”（见图 3-2）。

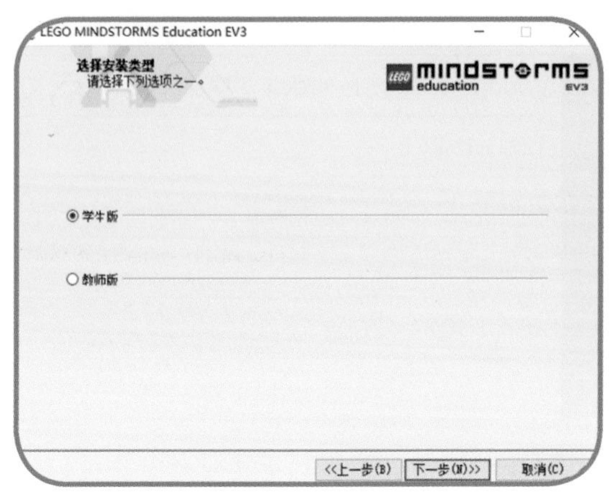

图 3-2　安装步骤 2

步骤 3

单击「浏览」选择安装路径，确认后单击“下一步（N）>>”（见图 3-3）。

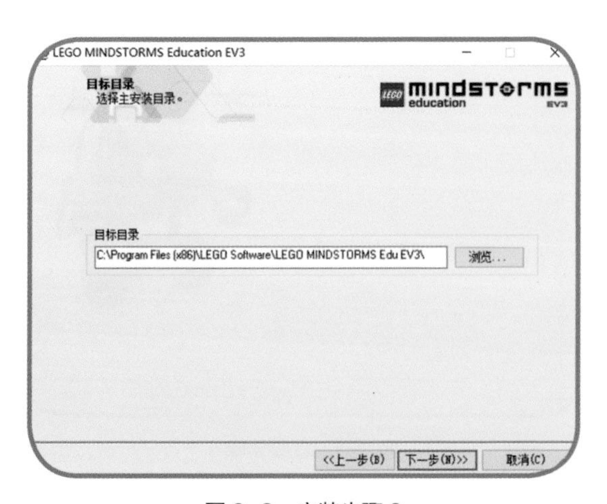

图 3-3　安装步骤 3

步骤 4

这一步进入版权说明及使用协议页面，请选择第 1 项「我接受该许可协议。」，确认后单击“下一步（N）>>”（见图 3-4）。

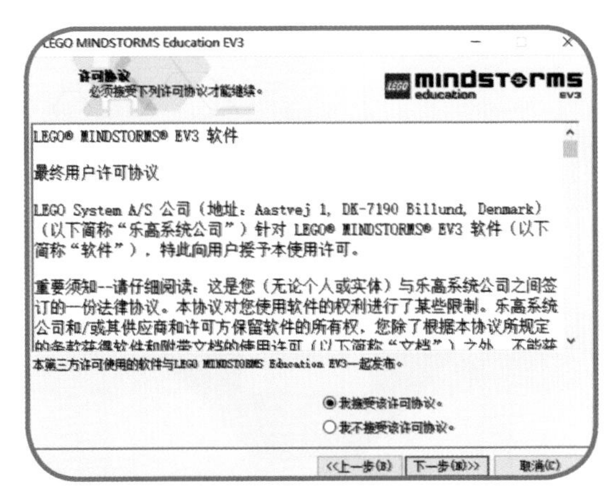

图 3-4　安装步骤 4

步骤 5

如图 3-5 所示，安装进行中，请稍候。

图 3-5　安装步骤 5

确认安装完成后，请重新启动计算机。接下来就请打开 EV3 程序，让我们一起来熟悉一下整个 EV3 的使用环境。

3-2　EV3 程序环境介绍

3-2-1　主界面简介

安装 EV3 完成之后，请在计算机屏幕的桌面上或者开始菜单的程序中单击 EV3 图标来开启软件，如图 3-6 所示。

图 3-6　EV3 图标

开启 EV3 程序后，我们将程序主界面分成 4 个区域：工具栏、主题区、分项区和说明画面，如图 3-7 所示。

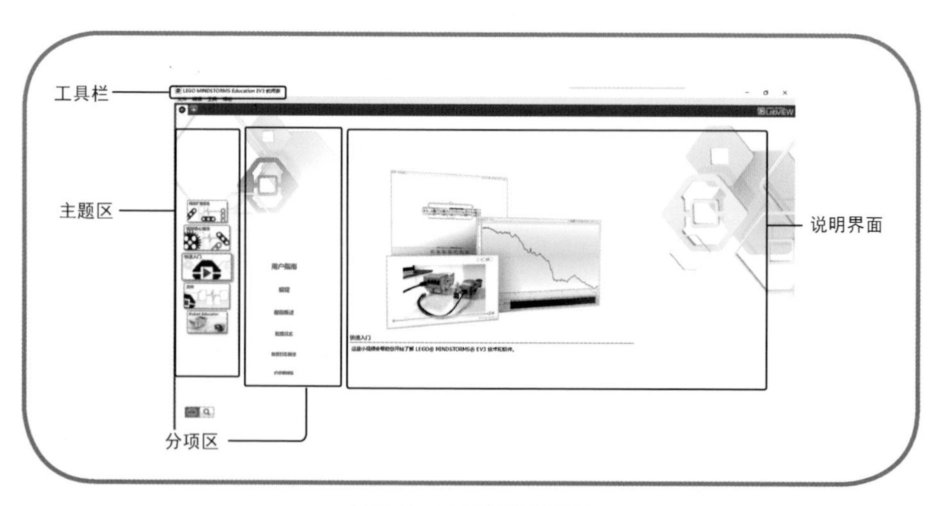

图 3-7　EV3 程序主界面

工具栏内有 4 个选项可供选择：文件、编辑、工具、帮助，在“文件”选项下可以新建、打开、关闭或保存项目案例（Project）；我们在编写程序时经常会用到“编辑”选项，其中包含了上一步、下一步、剪切、复制以及粘贴等功能，也提供了更改界面显示语言的选项，但目前乐高官方只提供英文版本，其他语言的版本可能会在将来发布。“工具”选项中包含许多实用功能，例如自定义指令（My Blocks）、EV3 固件更新、设置无线网络等。最后一个选项是“帮助”，其中的 Show EV3 Help 是包含所有 EV3 指令的说明文件。你也可以到本团队官方网站的 EV3 分页来看看，我们会不定期更新一些有趣的小范例。

分项区、主题区以及说明界面是彼此关联的，主题区中共有 5 个选项，每个选项中都包含数个小标题，这些小标题会分别显示在分项区内，选中小标题后，说明画面就会显示相应的内容，让读者们能够更清晰地阅读内容。

◎模型扩充套件

要完成这里的项目需要配合使用扩充套件（扩展组合，产品编号：45560），在该套件中共有 6 个范例专题：坦克机器人（Tank Bot）、怪兽史奈普（Znap）、爬楼梯机（Stair Climber）、大象（Elephant）以及旋转工厂（Spinner Factory）。在 EV3 主程序打开相应界面后，单击屏幕右下角的“打开”按键，可以看到里面包含了机构组装说明及程序模板，如图 3-8 所示。如果你手中的零件很充足，那么欢迎大家尝试组装。

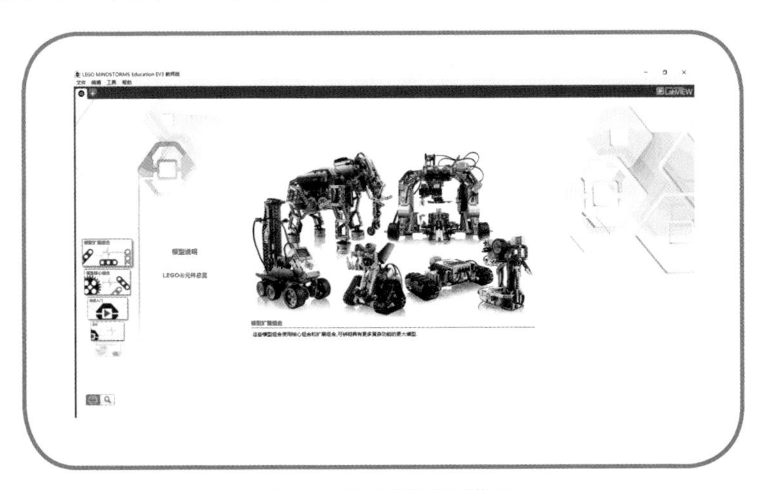

图 3-8　扩充套件范例模型

◎模型核心套件

这里的案例使用核心套件（核心组合，产品编号：45544）就可以完成，其中有 4 个范例专题：二轮平衡车（Gyro Boy）、颜色分类机（Color Sorter）、亲亲小狗（Puppy）以及机械臂（Robot Arm H25）。同样地，单击屏幕右下角的“打开”按键就可看到机构组装说明及程序范例，如图 3-9 所示。

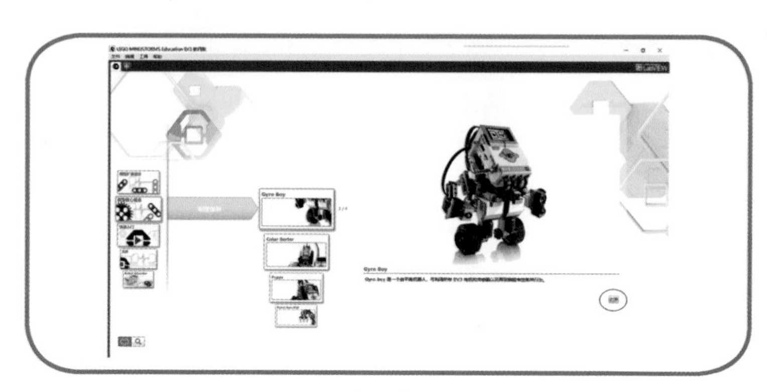

图 3-9　核心套件范例模型

单击之后的内容分为 3 个部分，第 1 部分为影片介绍。乐高预先录制了一段制作完成后模型的视频影片，向我们展示了成品模型的外观特征，以及实现相关功能的演示。接下来，我们单击视频影片右上角位置的向右箭头，就可以进入第 2 部分内容了。该部分将为你详细介绍模型机构组装步骤，读者只需按照介绍步骤，按顺序组装即可完成模型。第 3 部分为范例程序，确定电机以及传感器分别连接到适当的输出、输入端口，根据图 3-10a 所示按下绿色箭头，即可将范例程序下载到 EV3 主机中。在理想状况下，我们的作品应该会如同先前影片中所展示的一样完成各种动作（见图 3-10b）。

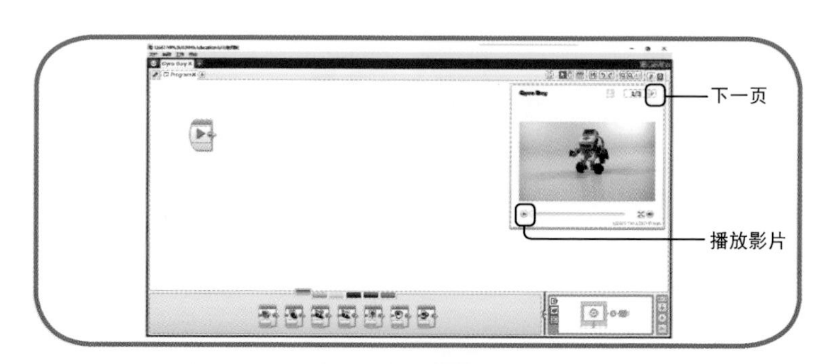

图 3-10a　范例影片

◎**快速启动（Quick Start）**

在这里乐高提供了几段小影片，用来介绍 EV3 软件最主要的三大功能：程序、数据获取及专题报告制作。

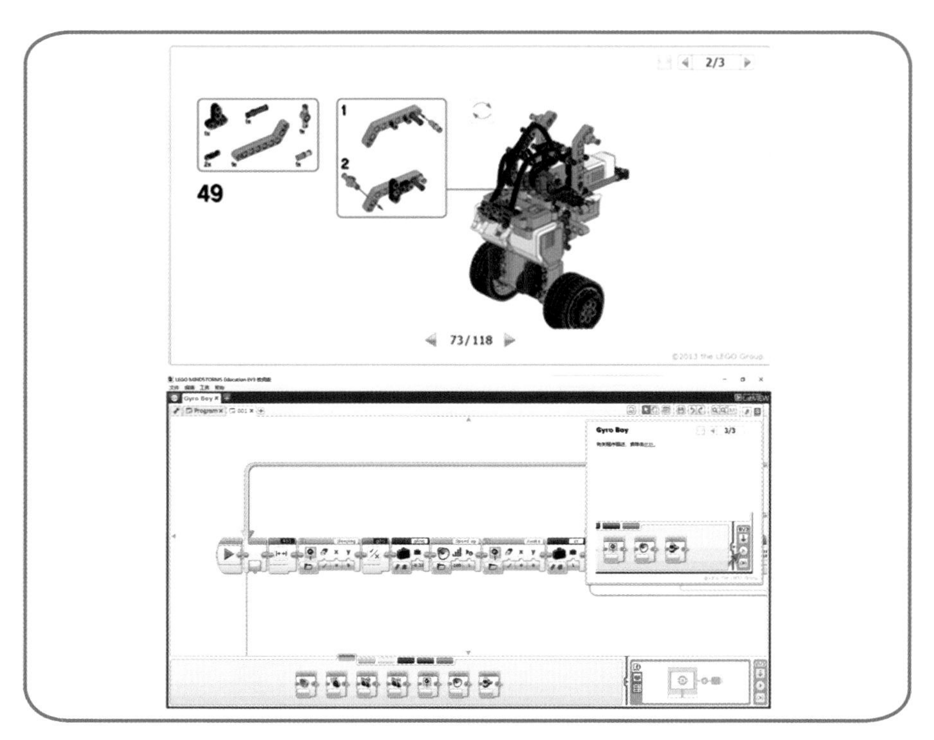

图 3-10b　范例影片

◎**文件（File）**

在这个功能中我们可以建立一个新的专题，或者打开之前的案例。不过值得一提的是，EV3 主程序以项目为单位来管理多个程序及实验数据，因此在建立新项目时，必须要先选择是要建立程序还是实验，如图 3-11 所示。

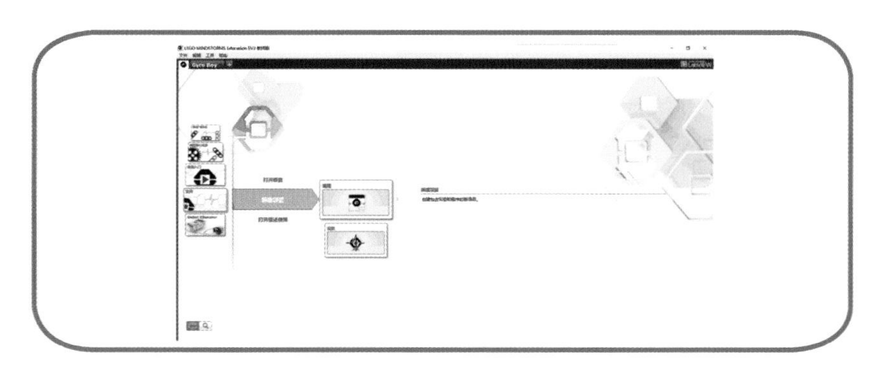

图 3-11　建立新项目（New Project）

3-2-2 编程界面简介

在了解了主界面的内容后，本节我们来介绍一下编程界面。请选择文件 >> 新建项目 >> 程序，在单击“打开”后即可看到图 3-12 所示的编程界面。我们可以将它分成 5 个区块：文件管理区、编程工具栏、编程画布、编程画板以及内容编辑器。

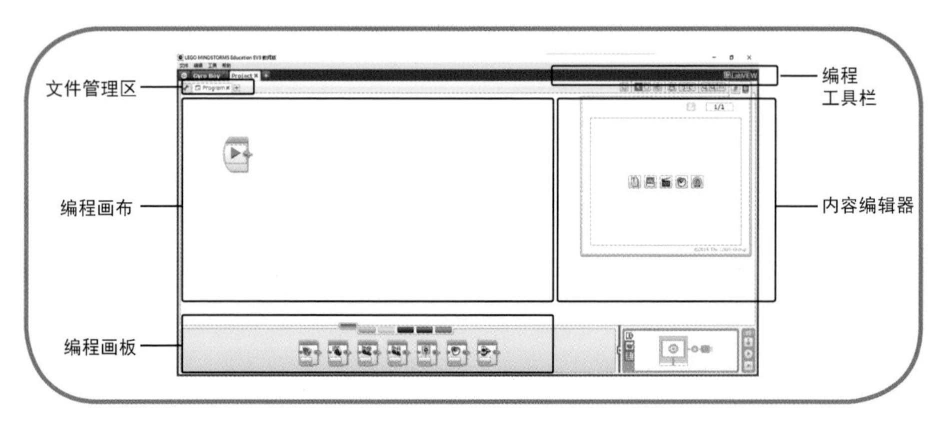

图 3-12 编程界面

◎文件管理区

如图 3-13 所示，文件管理区可以再分成 6 个部分。

1. 回主界面（大厅）
2. 项目名称选项卡（项目标签）
3. 添加新项目按键（添加项目）
4. 程序设置按键（项目属性）
5. 程序 / 实验名称选项卡（程序标签）
6. 添加新程序 / 实验选项（添加程序）

EV3 的主程序是以项目为单位来管理所有的程序和实验的。举个例子来说，假设今天我们要做一个乐高机械手臂，那么可能会有好几个文件，如主程序、手臂控制程序、夹具控制程序等。同时也会包含一些我们需要做的实验，如电机旋转角度测试、超声波传感器探测物体的数据实验等，以上这些都可以包含在同一个项目下，以方便管理。

图 3-13　文件管理区

◎编程工具栏

这里包含了编写程序时会用到的各种功能按键，如图 3-14 所示。

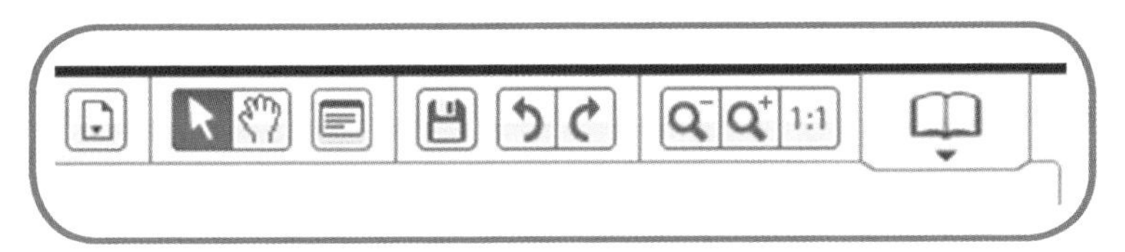

图 3-14　编程工具区

1. 显示打开的程序 / 实验列表（Show Opened Canvases List）：如图 3-15 所示，当我们单击它时，下拉菜单会显示该项目下所包含的程序及实验名称。

图 3-15　程序列表

2. 选择（Select）：要编写程序时必须要选中这个模式，之后就可以开始选择所需要的程序指令。

3. 移动画面（Pan）：如果程序图像过大已经超出屏幕的显示范围，那么可以选择此工具来移动画面。

4. 注释（Comment）：在制作一个庞大的专题时，可能同一个项目下包含好几个程序，相对的，编程所需的时间也较长。此时可以在程序指令旁边双击鼠标来添加注释（见图 3-16），以便自己或其他参看程序的人能够更加了解程序编写时的注意事项。

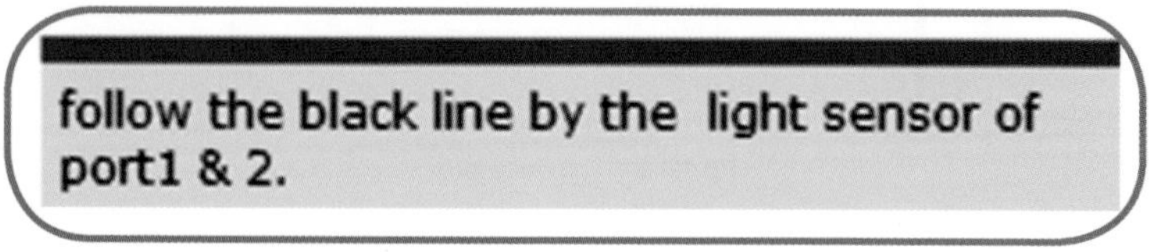

follow the black line by the light sensor of
port1 & 2.

图 3-16　注释

5. 保存项目（Save Project）：保存项目的同时也会将所有的程序一同保存。

6. 撤销 / 重做（Undo / Redo）：编写程序时撤销当前的操作或重做当前的操作。

7. 画面缩小 / 放大 / 重置（Zoom Out / Zoom In / Zoom Reset）：当画面的比例不便于查看或操作时，可以点选此键来调整。

◎编程画布和编程画板

如图 3-17 所示，在编写程序时，首先要将所需要的指令从程序指令区中拖放到编程区中，采用设计流程图的方式来编写程序，相关指令的参数都可以在各指令内部直接设置完成。程序指令区共有六大类指令集合，本书将在后面的章节专门进行介绍。

B+C
Backing alert
50
50
1
100
0
Motor idle
100
0

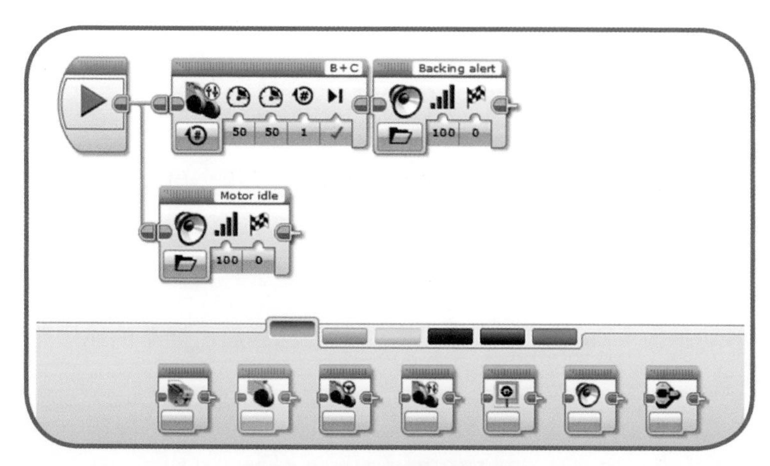

图 3-17　编程画布和编程画板

◎内容编辑器

内容编辑器（见图3-18）是EV3的一个新功能，我们可以在编写程序的过程中，同步进行报告的制作。当你正在制作一个专题并且需要对外发布时就可以运用此功能，另外在使用EV3预置的范例专题时，主程序会通过报告区来引导你按步骤完成专题。

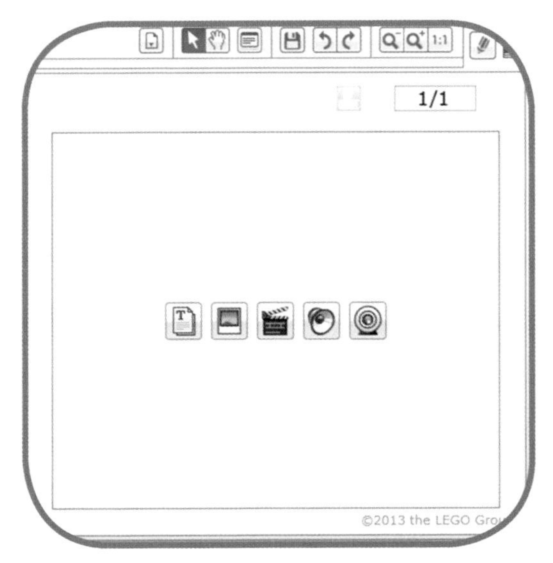

图3-18　内容编辑器

3-3　EV3程序指令介绍

如图3-19所示，在EV3画布下面有编程画板，包含6个不同颜色的图标，它们分别代表不同的指令类别，共分为以下六大类：动作（Action）、流程（Flow）、传感器（Sensor）、数据（Data）、高级（Advance）、自定义指令（My Block）。下面我们来简单介绍一下这些指令，本书后面的章节会逐一介绍如何使用这些指令来设计机器人程序。

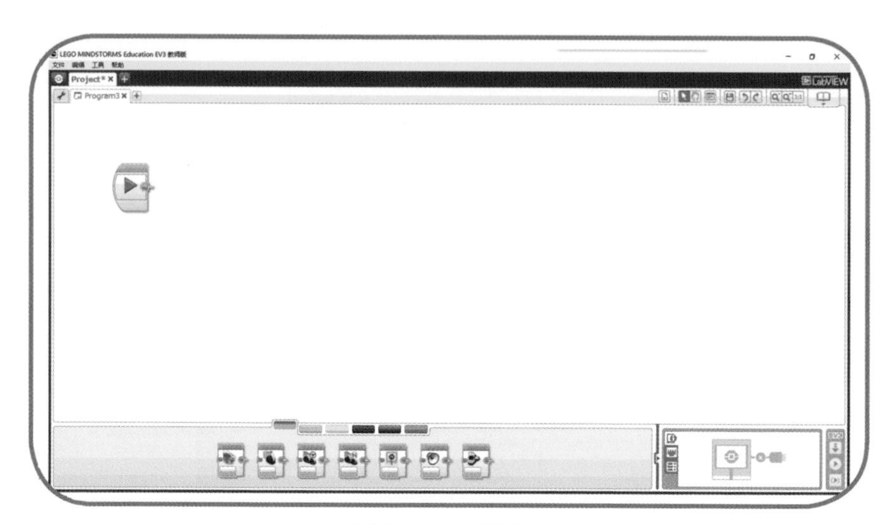

图 3-19 编程画板

提示：如果你对某条指令不了解，可以选中该指令，再按键盘上的 Ctrl+H 组合键来调出说明窗口。

3-3-1 动作（Action）模块

如图 3-20 所示，动作（Action）模块与输出装置有关，包含了控制电机、声音、屏幕与按键灯光等的指令。

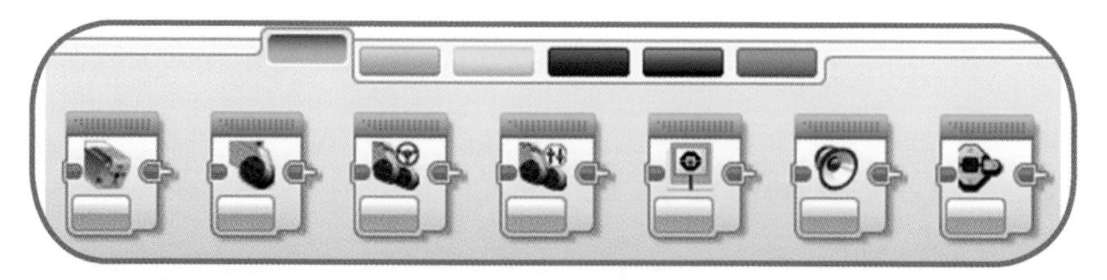

图 3-20 动作模块

1. 中型电机（Medium Motor）

本指令用来控制中型电机（Medium Motor）（见图 3-21）。你可以利用该指令控制电机的启动或停止，设定运转时间（转几秒）、运转周期（转几圈）或运转角度（转几度），可以通过控制电力供应从而控制其转速，还可以设定电机的停止方式为急刹车或缓慢停止。

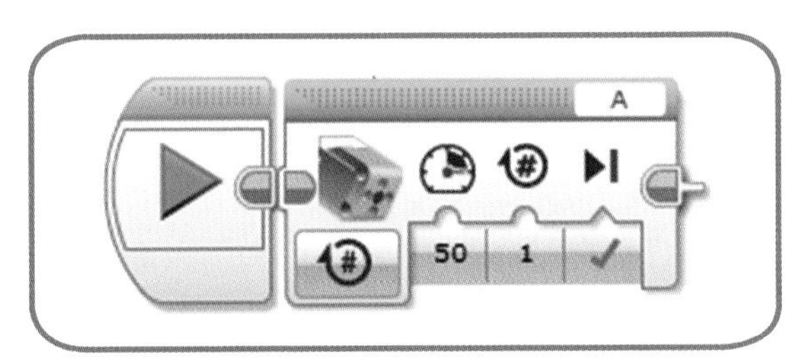

图 3-21　中型电机模块

2. 大型电机（Large Motor）

本指令用来控制大型电机（Large Motor）（见图 3-22）。与中型电机指令相似，你可以通过该指令控制电机的启动或停止，设定运转时间（转几秒）、运转周期（转几圈）或运转角度（转几度），以通过控制电力供应从而控制其转速，还可以设定电机的停止方式为急刹车或缓慢停止。

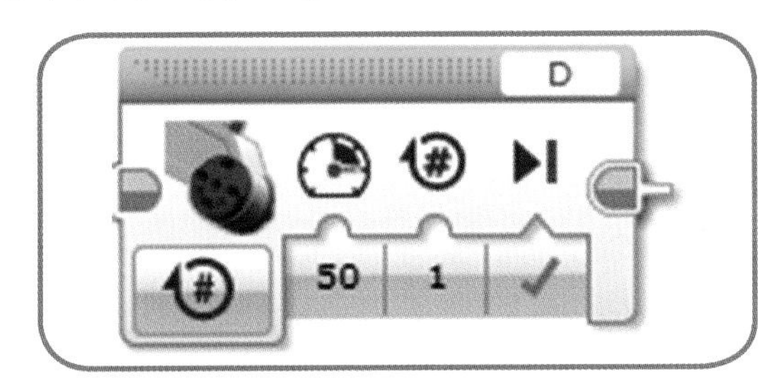

图 3-22　大型电机模块

3. 移动转向（Move Steering）

移动转向（见图 3-23）可以同时控制两台电机，因此在使用前请务必要先确认 EV3 是否连接了两台电机。该指令可以控制两台电机同时间转动，并且可以设置舵向（Steering），设定值为 −100~100，这样可使机器人实现沿曲线路径行进，原地逆时针旋转或者顺时针旋转等多种移动方式。本指令的核心是通过“舵向”来控制机器人的前进方向，我们在第 4 章就会使用这个指令来控制机器人。

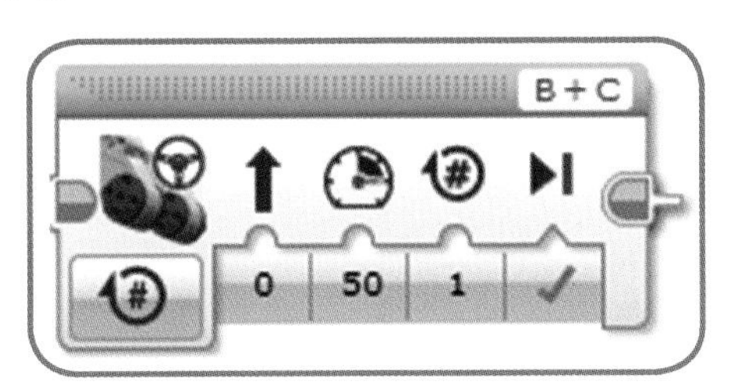

图 3-23　移动转向模块

4. 坦克式移动（Move Tank）

坦克式移动指令（见图 3-24）所实现的移动方式也需要同时控制两个大型电机，与方向盘式移动的差别在于，本指令是通过设定两颗电机的电力值控制两轮的轮速差来控制机器人的移动，电力值范围为 -100~100，代表从反转到正转的不同速度。

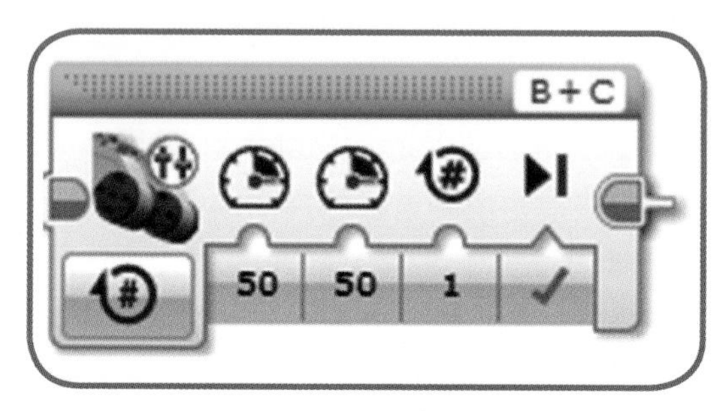

图 3-24　坦克式移动指令

5. 显示（Display）

如图 3-25 所示，你使用此指令可以在 EV3 主机的屏幕上显示文字或图案，你可以使用图像编辑器（Image Editor）自行设计各种图案。

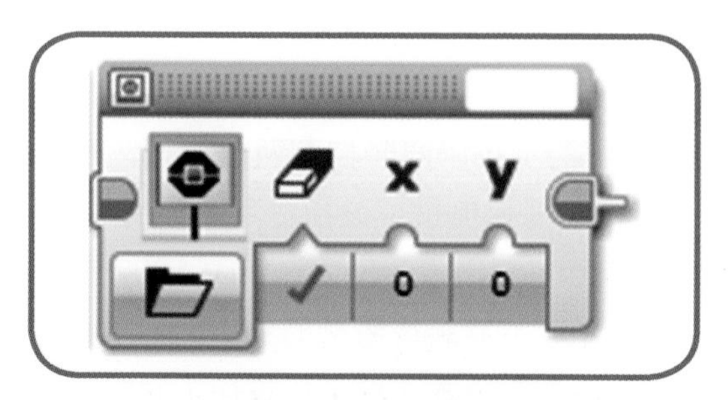

图 3-25　显示指令

6. 声音（Sound）

如图 3-26 所示，声音指令可让 EV3 主机内搭载的扩音器发出各种声音，这些声音可以是事先录制的或者下载的特定旋律或单音。你可以在声音编辑器（Sound Editor）中来编辑自己你喜欢的声音。

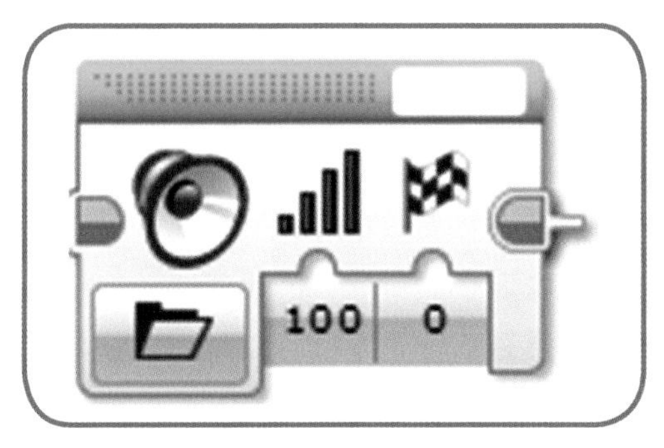

图 3-26　音效指令

7. 程序块状态灯（Brick Status Light）

如图 3-27 所示，运行该指令可以让 EV3 主机的按键周围发出红色、橘色或绿色的灯光，你可以自由地设置不同颜色的灯光，让它们代表机器人的不同状态，例如，撞到墙壁时红色灯光会亮起。

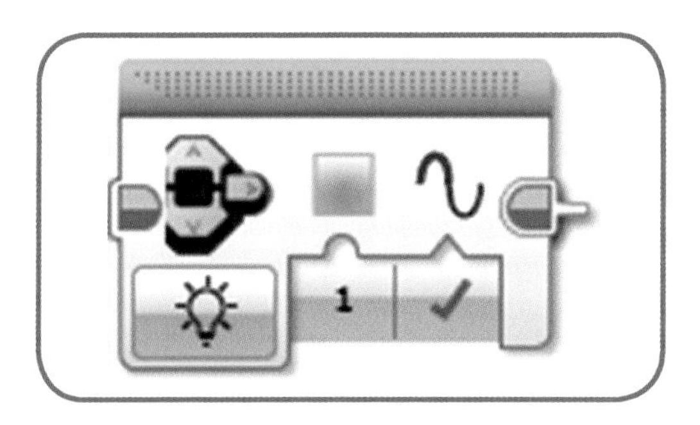

图 3-27　程序块状态灯

3-3-2　流程模块

在流程（Flow）模块区（见图 3-28）内的各种指令负责整体程序执行的方式，包含了开始、等待、循环、切换和循环中断。

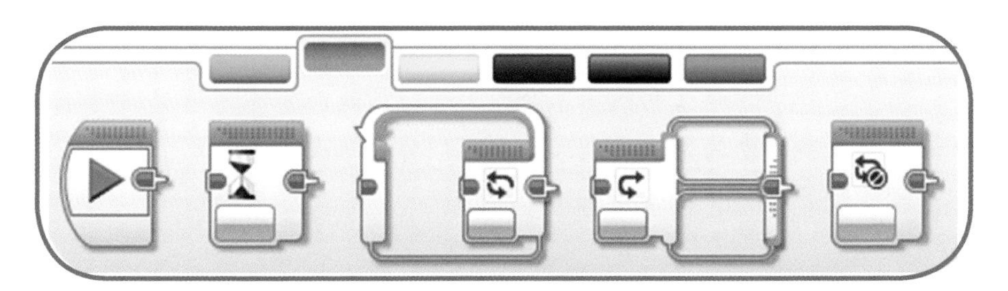

图 3-28　流程模块区

1. 开始（Start）模块

如图 3-29 所示，开始模块是一串程序指令的起始点。当你新建一个程序时，系统会在编程区内自动帮助添加一个，如果后面我们所新增的其他指令没有与开始指令相连接，那么该指令便无法执行。另外，在一个程序中可以同时配置多个开始模块。在执行这样的程序时，由不同开始指令起始的各个指令串会同步开始执行，这就是多任务（Multi-tasking）运行的概念，我们会在第 11 章中来进行详细介绍。

图 3-29　开始模块

2. 等待（Wait）模块

等待模块（见图 3-30）可以让你的程序等候执行直到某个特定条件发生，换言之，你的机器人会暂停执行指令串，并持续等待这个特定条件发生。这个条件可以是特定的秒数，也可以是传感器读回的某个特定数值，或者是你所设置的其他信号。若各个系统一直没有达到我们所设定的等待条件，那么程序将不会执行下一个指令。

CAVEDU 说：等待模块并不会让机器人停止。

举例来说，如果程序开始时先让电机开始转动，后面接续的是一个等待模块，那么电机并不会因为等待模块而停下，而是继续转动直到等待指令的条件达成（除非我们为电机设置了停止条件）并开始执行下一条指令。

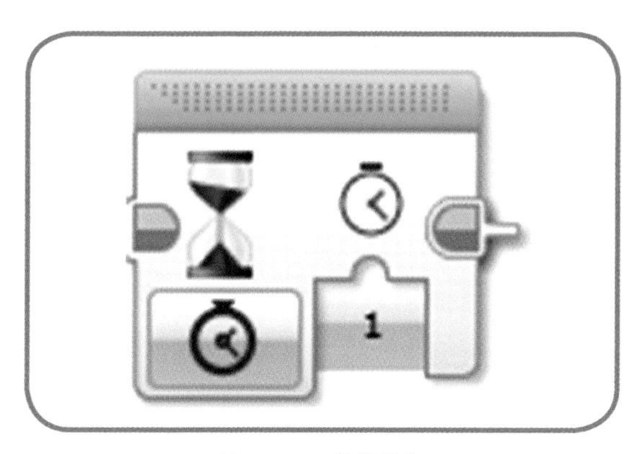

图 3-30　等待模块

3. 循环（Loop）模块

循环模块（见图 3-31）可以根据我们设置的条件来重复执行循环内容。使用方法是，首先新增一个循环，再把所要重复执行的指令拉到循环之内，并设定其停止条件。我们可以运用各种方式对循环进行设置，例如：持续重复执行某些指令、重复执行指定次数，或者根据传感器数值比较结果决定重复执行的次数等。

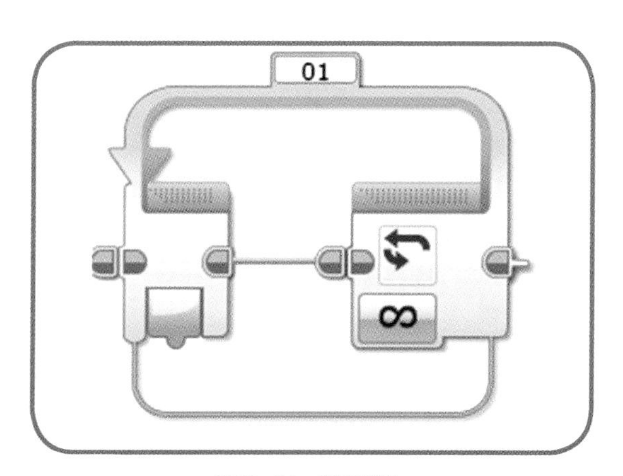

图 3-31　循环模块

4. 切换（Switch）

这个指令模块又可被称为选择模块或者开关模块，该指令所形成的结构可以通过判断特定条件是否达成，来决定执行两个指令串中的某一个。由于对特定条件是否成立的判断只有两种结果：是（True）或否（False），因此这两个指令串在特定的某一时间内只有其中一个会被执行，这也就是互斥（Mutual exclusion）的概念。使用该指令时，我们可以将两段不同的指令串分别拖放到切换模块中上面及下面方框内，并通过前置的判断条件来决定要执行哪一串指令。判断条件可以是传感器数值的比较结果、EV3 主机按键的按动状态，或者是接收到的蓝牙信息等。当切换模块只有一层时（如图 3-32a 所示），就相当于我们在 C 语言或者 Java 这样的字符编程工具中使用的 if / else（条件选择）结构。你也可以在第 1 层切换模块中再放入第 2 层的切换模块，形成嵌套（Nested）结构（如图 3-32b 所示），这种结构类似于 if / else…if / else（选择嵌套）的结构。在机器人应用上，我们常常使用无限循环搭配切换模块让机器人可以持续侦测某个情况是否发生，进而执行对应的动作（如图 3-32c 所示）。

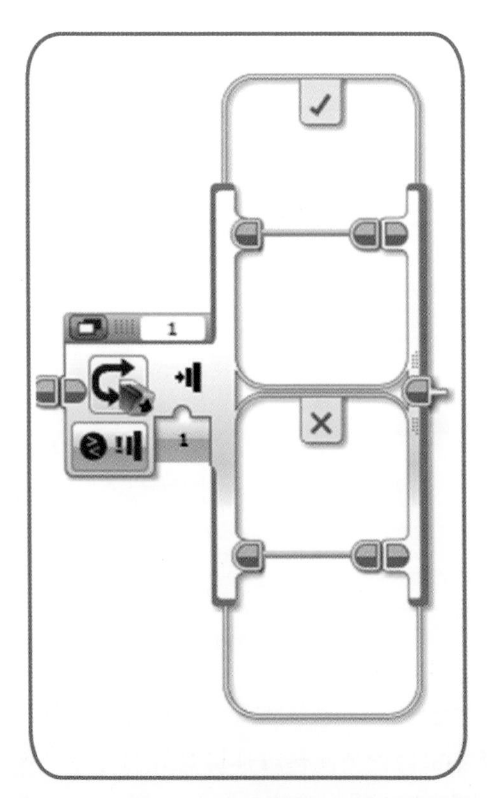

图 3-32a　根据一个触动传感器值所构成的切换模块

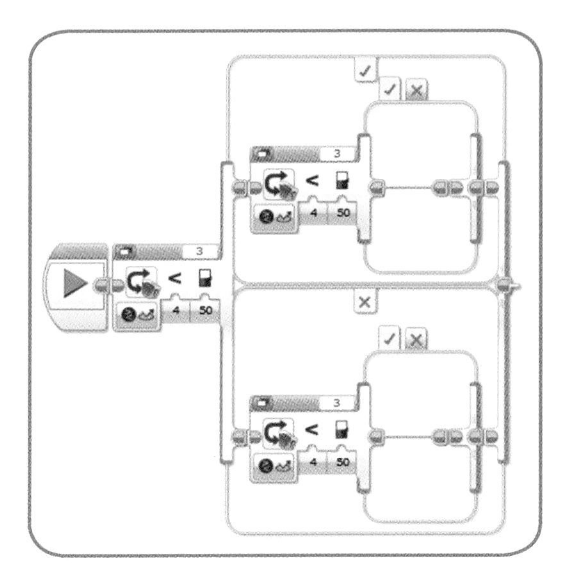

图 3-32b　根据两个光线传感器值所构成的，两层共 4 个切换模块

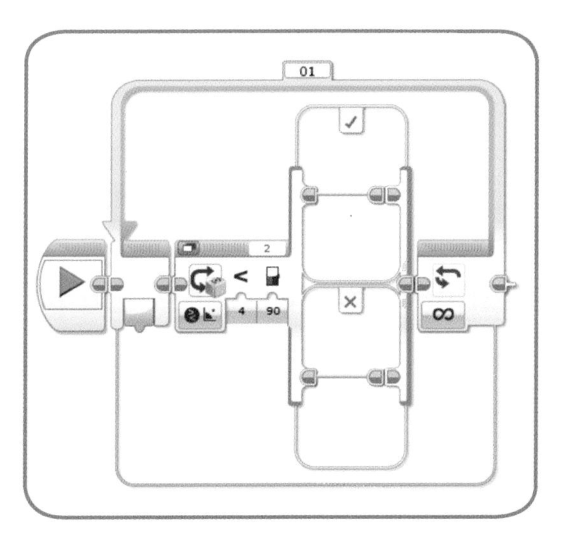

图 3-32c　循环指令配合陀螺仪传感器所构成的切换

5. 循环中断（Loop Interrupt）模块

此指令被触发时会让循环停止，循环内的指令将不会被继续执行。我们可以通过循环中断指令（见图 3-33）右上角的数字来设置被停止的循环，也可以将其放在循环的内部或另一串指令当中使用。我们将在第 7 章为你详细介绍该模块的使用方式。

图 3-33 循环中断模块

3-3-3 传感器模块

一个机器人除了能够自主移动外，还要能够根据外在环境的变化做出不同的反应。EV3 程序的一大特色就是将传感器指令整理在同一区块中，里面包含了 11 种不同的传感器指令（如图 3-34 所示），由左至右分别为：程序块按钮主机按键、颜色传感器、陀螺仪传感器、红外传感器、电机旋转、温度传感器、计时器、触动传感器、超声波传感器、数值量测（电压、电流）、NXT 声音传感器。

另外，目前市场上有许多科技厂商自行生产了兼容 EV3 主机的传感器，相应地，你可使用 EV3 软件工具（Tools）菜单中的指令导入程序（Block Import Wizard）导入相关指令。举例来说，我们将 HiTechnic 公司所生产的各类传感器的相关指令导入 EV3 软件，这些指令同样会被归类存放在传感器指令区。详细的外部指令导入方法请参考本书的附录 B。

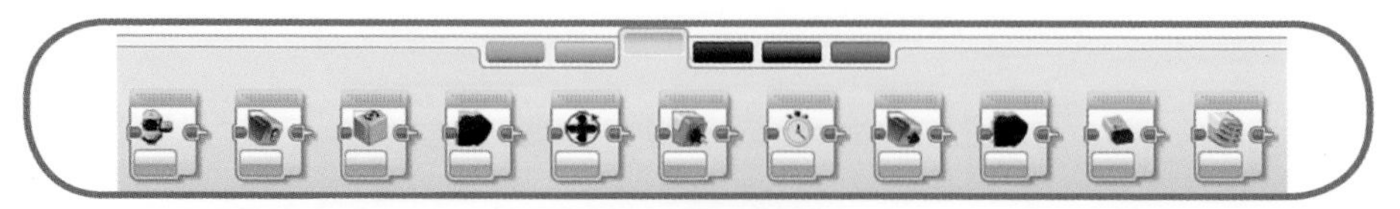

图 3-34 传感器模块

3-3-4 数据模块

这些指令可对数据进行各种运算，包含了变量、常量、阵列运算、数学运算、逻辑运算、文本及随机数指令等，本节将会对这些指令做大致的介绍。

1. 变量（variable）指令

如图 3-35 所示，我们在使用变量指令前必须先为要用到的变量命名，然后才可以设置写入或读取该变量，该变量可以是文本、数字、逻辑、数字排列或者逻辑排列。每次使用此指令前，请先确定我们将要写入或读取的变量名称是否正确。

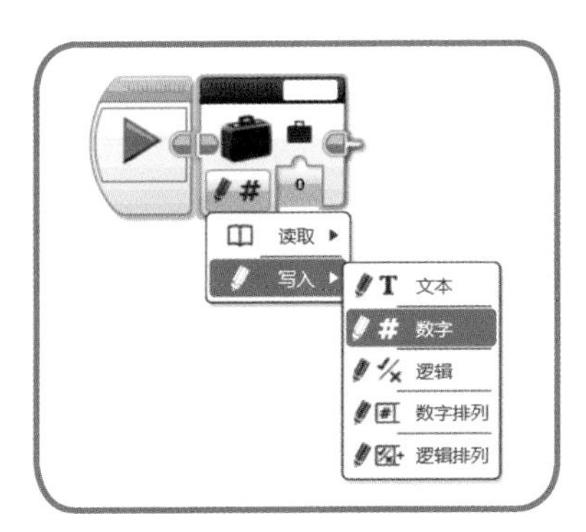

图 3-35　变量指令

提示： 1. 当我们建立了某个变量后，该变量在整个项目内都可以使用。

2. 我们可以向某个变量重复赋值，但变量只会记住最后一次写入的值。

3. 在尚未给变量写入任何值的时候，数值的默认值为 0、逻辑默认值为 false、字符串预设值为空字符串。

---

2. 常量（constant）指令

使用常量指令（见图 3-36）可以创建一个需要的文本、数字、逻辑、数字排列或逻辑排列。选择类型后，我们可以在指令右上方输入该常数的值，此后就可以在本程序的任何地方使用该常数了。常数和变量的差异在于常数无法在程序执行期间修改，也就是说，我们修改常数后需要重新加载程序。

图 3-36　常量指令

3. 阵列（array）指令

我们可以使用阵列指令（见图 3-37）来操作数字排列与逻辑排列。通过该指令，我们可以创建数组、增加元素、读取或写入个别元素以及输出数组长度。有一点请大家注意：数组的第 1 个元素的 index 值为 0，而不是 1。

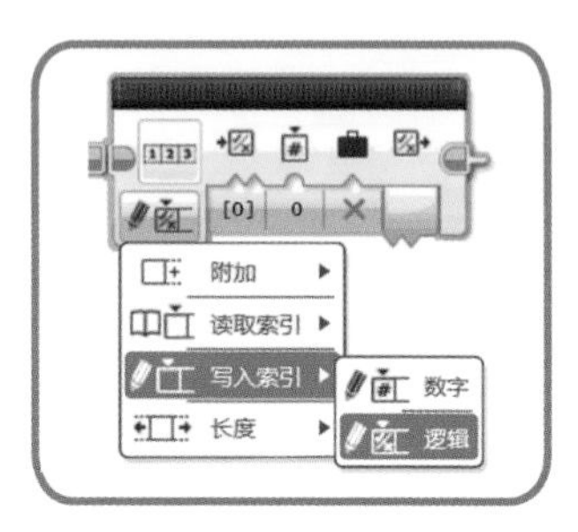

图 3-37　阵列指令

4. 逻辑运算（logic）指令

逻辑指令（见图 3-38）可以帮助我们进行逻辑值的运算。使用时可以输入两个逻辑值，并选择要进行的运算种类：And、Or、Xor 与 Not，最后输出结果真（True）或假（False）。

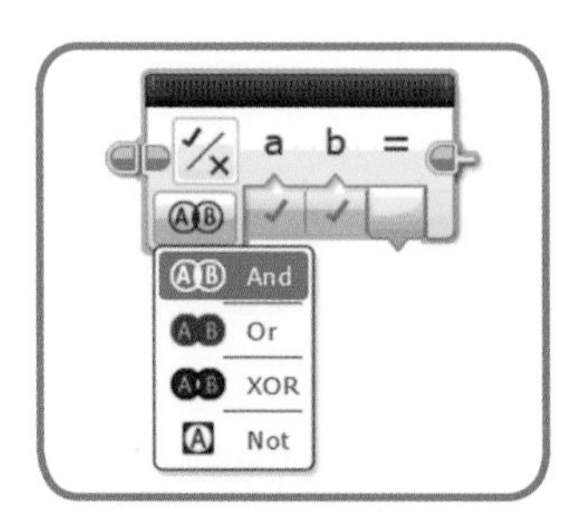

图 3-38　逻辑指令

5. 数学运算（math）指令

数学运算指令（见图 3-39）可以将输入的值进行数学运算，可进行的运算种类有：加、减、乘、除、取绝对值、开根号、指数、列式运算，最后输出其运算结果。

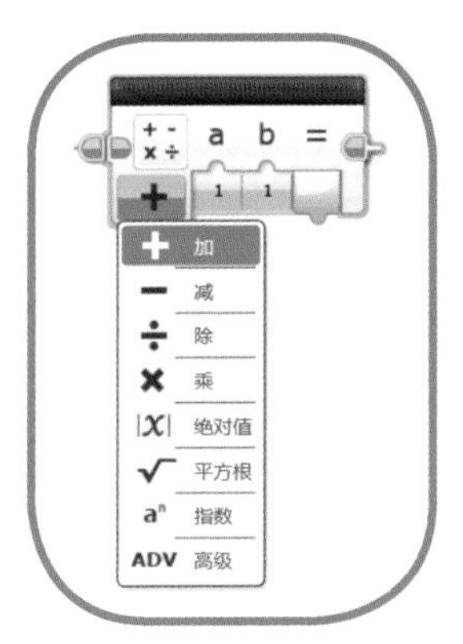

图 3-39　数学运算指令

6. 舍入（round）指令

舍入指令（见图 3-40）可以对输入的值进行取值设定，可以按照以下方式取值：至最近（即四舍五入）、向上舍入（即无条件进位）、向下舍下（即无条件舍去）、舍位（即精确到指位小数位）。

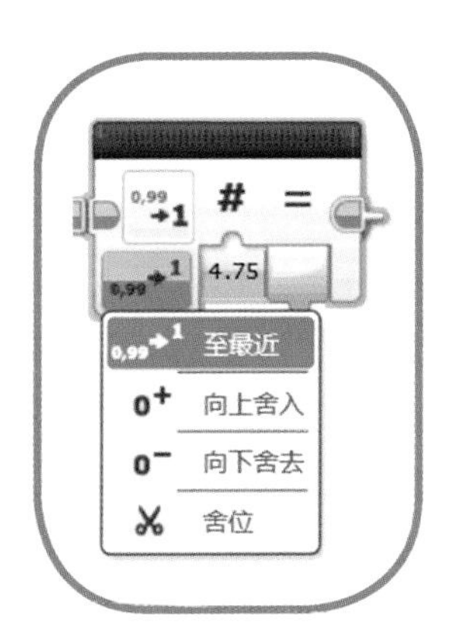

图 3-40　舍入指令

7. 比较（compare）指令

比较指令（见图 3-41）可以比较所输入的两个数值间的大小关系，包括：等于、不等于、大于、大于或等于、小于、小于或等于，最后输出结果真（True）或假（False）。

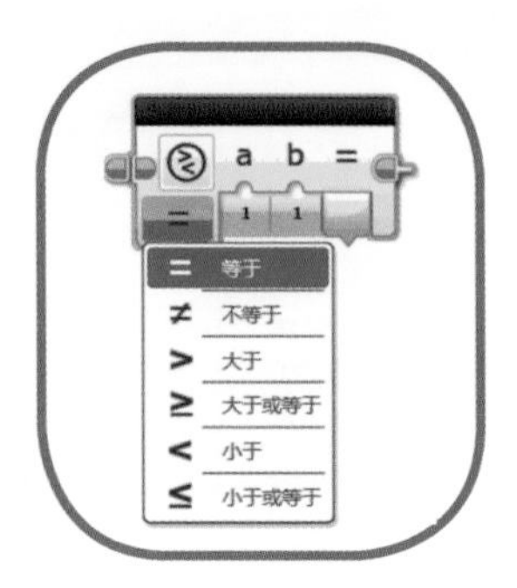

图 3-41 比较指令

8. 范围（range）指令

范围指令（见图 3-42）可以帮助我们判断输入的数值与我们所设定的值域范围的关系，通过与最大值和最小值比较来判别该数值是落在范围内（内部）还是范围外（外部），最后输出结果真（True）或假（False）。

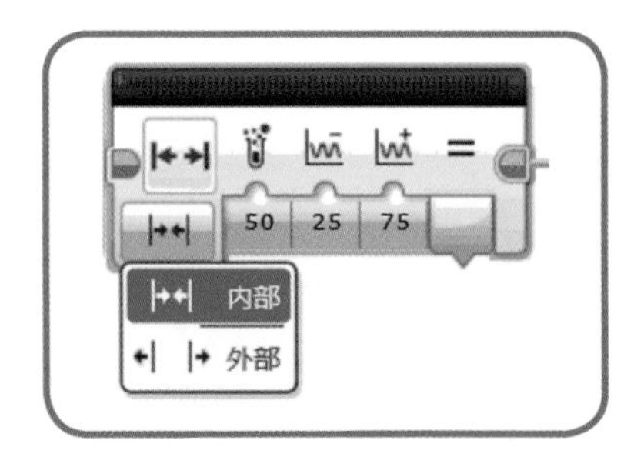

图 3-42 判断区间

9. 文本（text）指令

文字指令（见图 3-43）可以将两个或 3 个字符串合并成同一串文本。

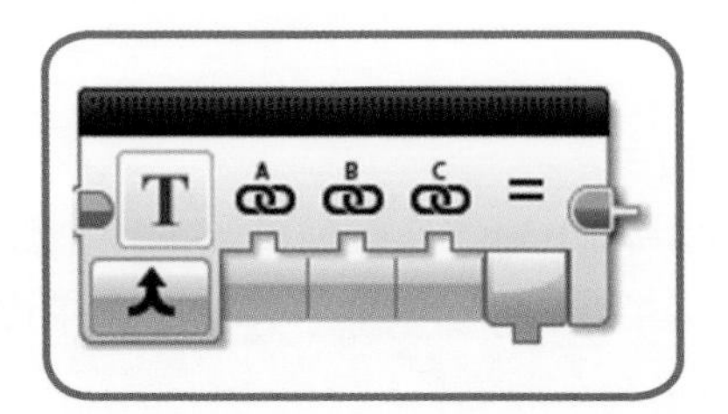

图 3-43 文字指令

10. 随机数（random）指令

随机数指令（见图 3–44）可以随机输出一个在给定范围内的数字或逻辑值。利用随机值，我们可以让机器人进行任意的运动。

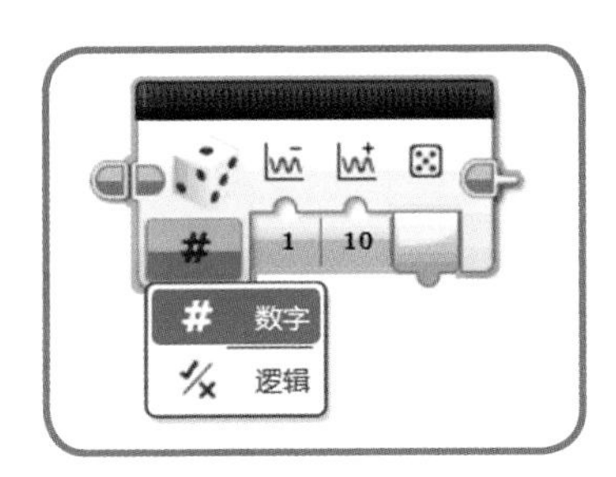

图 3–44 随机数指令

3-3-5 高级模块

如图 3–45 所示，高级指令由左至右依次是：文件存取、数据获取、消息传递、蓝牙连接、保持活动、原始传感器值、未较准电机、反转电机，以及停止程序等指令。这些都是比较高级的指令，一般来说你很少会用到它们，它们也不在本书介绍的范围内。你可以在 EV3 程序中直接按下键盘上的 Ctrl+H 组合键来查看这些指令的使用方法，或者关注本团队的网站，我们会不定期发表有关 EV3 的各种专题。

图 3–45 高级指令区

3-3-6 自定义模块

自定义模块是编程区域的最后一块，通常它会被运用在含有大量运算表达式、有一个区域的程序需要重复执行，或者是含有大量指令的较复杂的程序当中。在遇到这种程序的时候，我们就可以把这些复杂的指令储存成一个自定义的指令，让程序更方便维护，程序结构也更容易了解。具体请按下列步骤操作。

1. 将需要合成的众多指令框选起来。

2. 单击“工具”>> 我的模块创建器。

3. 此时会出现一个窗口（见图 3-46），我们就可以自定义新指令的名称及图示，写下这个新建指令的相关描述，并且设定该指令的输出与输入相关的参数。

4. 完成后单击“完成”按钮即可。

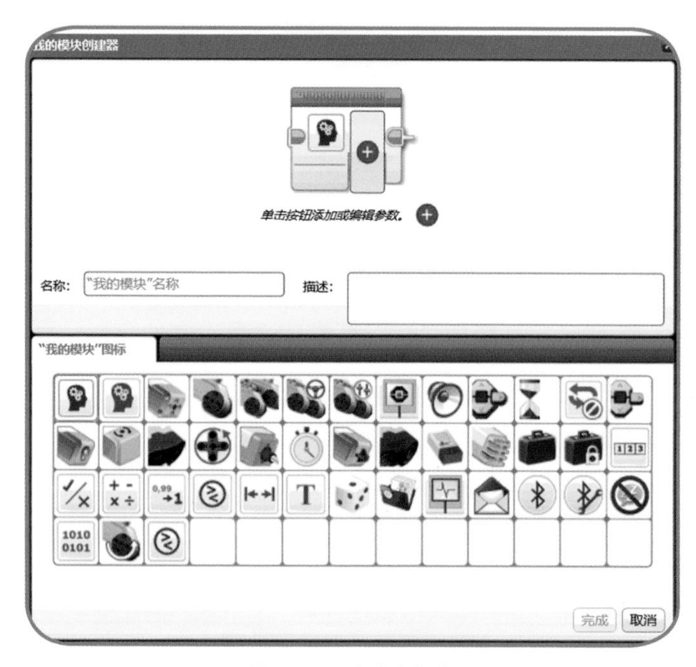

图 3-46　自定义指令

接下来，让我们用一个驱动电机转动的简单程序，来说明如何编写程序并加载到 EV3 机器人上执行。

3-4　让 EV3 动起来

在了解 EV3 的基本环境之后，我们利用一个简单的程序范例来控制 EV3 电机的转动。本范例不需要组装机器人，仅需要将一个大型电机接驳到 EV3 主机的输出端口 D。

步骤 1

首先，我们需要建立一个新的项目（Project），可以从 EV3 程序的主界

面单击文件 >> 新建项目 >> 程序 >> 打开，或是单击在窗口左上角“大厅”旁边的「加号」，如图 3-47 所示。

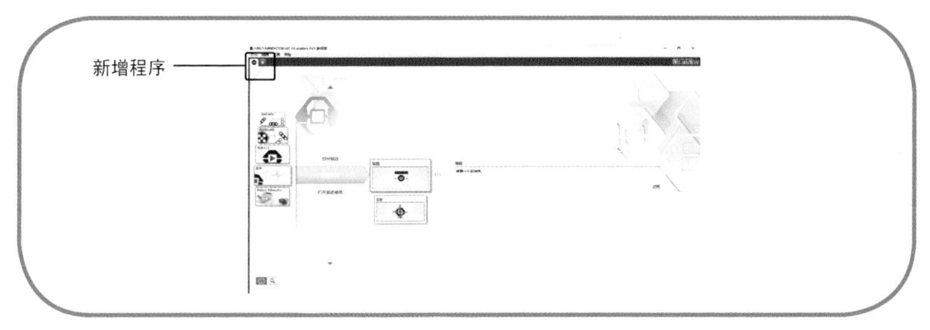

图 3-47　创建新项目

步骤 2

新的项目开启后，我们可以看到图 3-48 所示的画面。为了让画面看起来简洁一点，可以先单击右上角“关闭内容编辑器”，将内容编辑器关闭。在这里我们可以看到软件自动添加好的开始指令，任何一个 EV3 程序都必须用开始指令作为起始，因此你所编写的程序指令都要连接在开始指令后方。

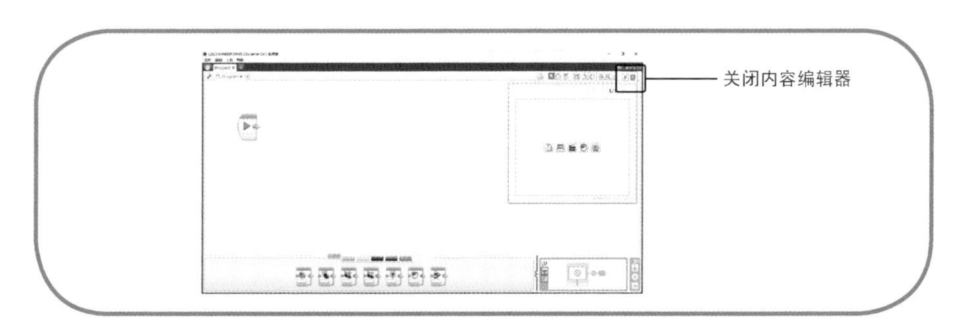

图 3-48　关闭内容编辑器

步骤 3

接下来，请在下方的动作指令区当中，选择大型电机指令，用鼠标左键单击后将该指令连接在开始指令的后方。当我们将一个新的指令移动至开始指令后方时，相应位置会出现一个灰色区块，如图 3-49 所示。只要在灰色区块内单击鼠标左键即可正确摆放，摆放正确的指令将会清晰地显示。若没有放置在开始指令后方，指令则会显示为灰色，如图 3-50 所示。

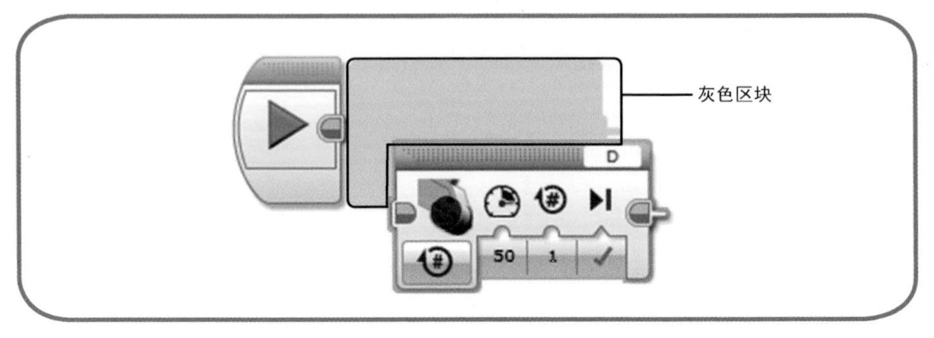

图 3-49　放置新的指令

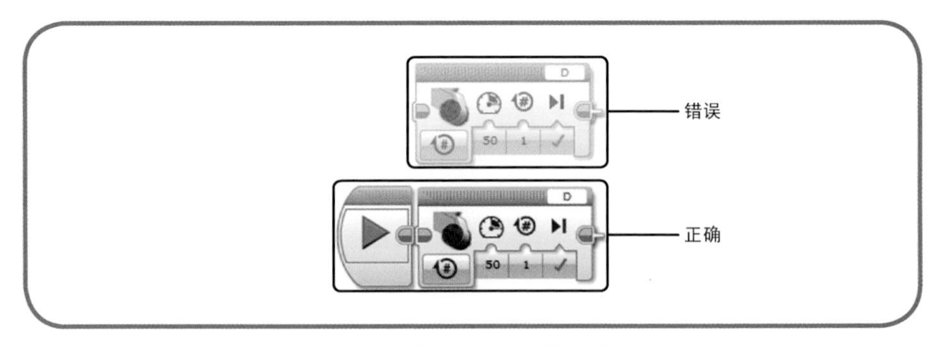

图 3-50　错误的和正确的摆放位置

步骤 4

接下来，我们要做的就是设定电机的参数。显示在指令右上角的英文字母可以设置电机的端口（要特别注意，字母编号一定要与实际连接的端口相符）。下一步则是设置电机运转及停止的方式及条件：关闭（Off）、打开（On）、以秒数计算（On for Seconds）、以角度计算（On for Degrees）、以圈数计算（On for Rotations），这些方式分别由不同的图标来代表，选择不同的方式会在右侧显示不同的选项。如果选择 On，电机就会持续转动；选择 Off 则会关闭电机；在这里我们选择以圈数计算来当作范例。

选择以圈数当作停止条件后，我们需要单击左边第 2 个功率（Power）图标（如图 3-51 所示）进行设置，功率接入值可以设置为 -100~100 的任意整数，正负号代表正转或反转，数字代表功率值大小，也代表电机转速；单击第 3 个图标可以设置电机转动的圈数；第 4 个图标则代表令电机停止的方式，分为两种：刹车（Brake）和缓停（Coast）。第 1 种“刹车”方式是指，当电机运行达到停止条件时，EV3 主机会给予电机一个反向的电流，让电机能够瞬间停止；而第 2 种“缓停”方式则是当达到停止条件时，只切断对电机的供电，此时电机因为自身惯性的原因可能还会继续旋转一小段时间，之后相对缓和地自然停止。

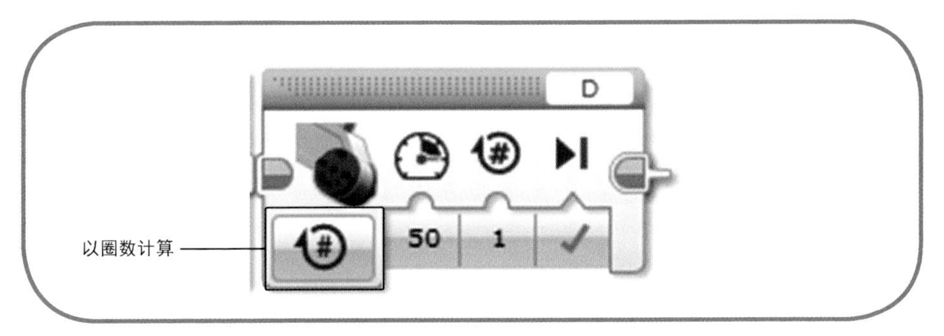

图 3-51　大型电机指令设置

参数设置完毕之后，请将 EV3 与计算机相连，你可以通过检查设备状态（Port View）来检查电机是否顺利连接。在一切就绪之后，单击开始指令中间的绿色箭头或者画面右下角的灰色箭头来将程序加载到 EV3 主机上，之后请注意观察，你的电机是不是顺利地转动起来了呢？

3-5　小结

本章介绍了 EV3 程序中的各个菜单功能以及程序指令。EV3 提供了一个非常简单易学的程序环境使用户可以更快地熟悉操作并开始编程。在接下来的章节中，我们将会以不同的专题项目来介绍各个指令的使用方法以及重要的程序设计理念。你也可以通过 EV3 程序预置的范例来学习，相信很快就能看到成果！

3-6　延伸挑战

1.（　）要建立一个新的项目，我们可以从 EV3 程序的起始画面中单击

文件 >> 新建项目 >> 程序 >> 打开来完成。

2. (　) 数据指令区负责数据的处理，包含了参数、数组运用、数学逻辑运算、文本处理以及随机数。
3. (　) 电机运转条件没有下列哪一项？
   A. 以秒数计算（On for Seconds）
   B. 以角度计算（On for Degrees）
   C. 以圈数计算（On for Rotations）
   D. 以分钟计算（On for Minutes）
4. (　) 下列哪一项不是与电机有关的指令?
   A. 移动转向
   B. 坦克式移动
   C. 小型电机
   D. 大型电机
5. 请说明移动转向指令和坦克式移动指令两者之间的相同与不同之处。
6. 请修改本章的范例，在同一个程序中让 D 电机以功率值 75 持续正转 3s 之后，再以功率值 30 反转 360° 后停止。

第 4 章

机器人动起来

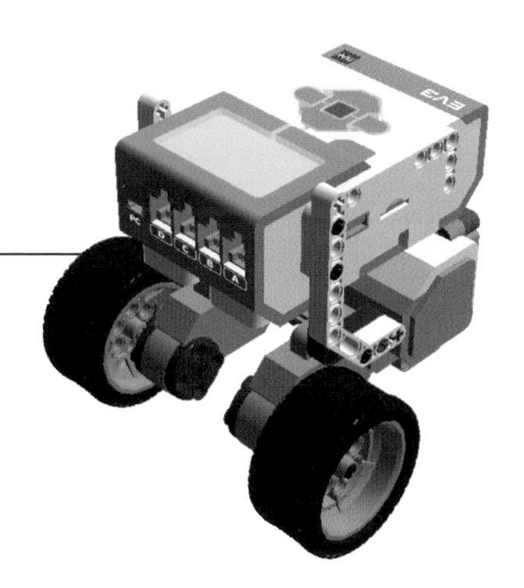

4-1 学习目标

在本章中，我们将带你首次使用 EV3 程序环境来控制双电机机器人，并让它勇往直前开始行动。通过这个项目，我们会帮助你熟悉 EV3 程序环境的常用功能，以及控制机器人动作所要用到的电机指令。

4-2 我的第一台 EV3 机器人

4-2-1 机器人结构设计

本范例使用的是一般的双电机机器人结构，请参考本书附录 A 来完成组装，如图 4-1 所示。你也可以参考乐高 EV3 套装中的说明书来组装，或者发挥想象力来设计一台专属于自己的机器人。

图 4-1 双电机车体范例

4-2-2 开始编写程序

1. 新增项目

单击 EV3 程序的桌面快捷方式或从“开始 - 程序”中启动 EV3。在软件打开后请单击左上角的加号来新增一个项目（见图 4-2）。EV3 程序以项目的概念来管理程序，一个项目中会包含多个机器人控制程序（Program）、数据获取实验（Experiment），以及相关的多媒体文件。

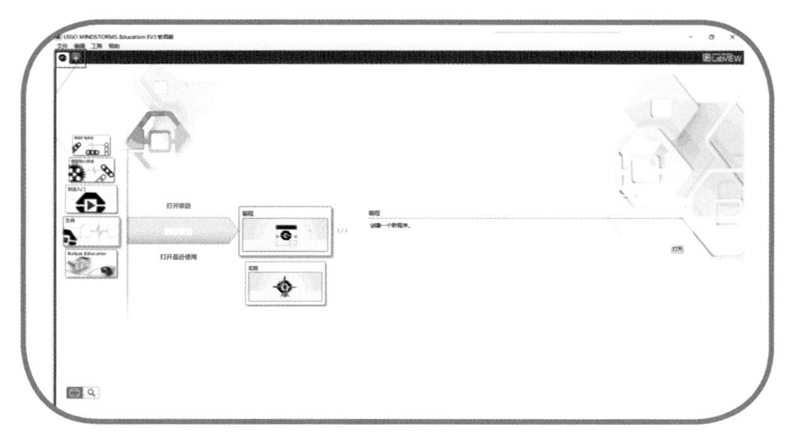

图 4-2　EV3 程序欢迎界面

新增项目界面如图 4-3 所示，你可以回顾第 3 章来查看各选项的功能。

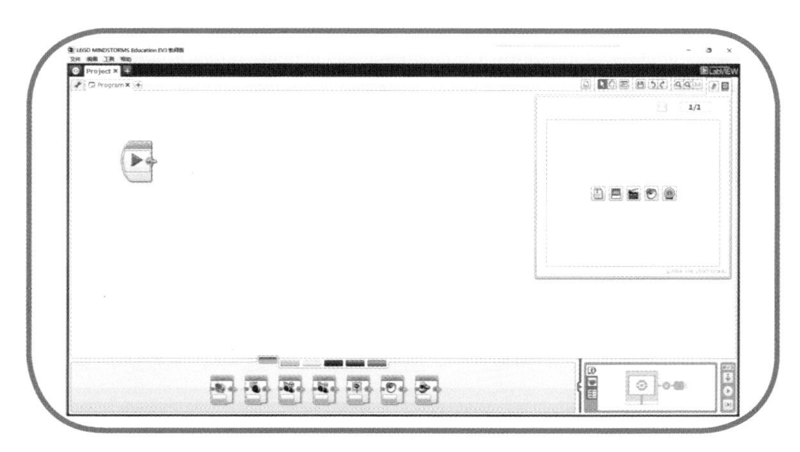

图 4-3　新增项目

2. 认识指令

新增项目界面中间的空白区就是编写 EV3 程序的地方，你会看见 EV3 程序已经自动放置了一个开始指令（如图 4-4 所示），它代表了一段程序的开头，所有指令都是接在它后面来依次执行的。

图 4-4　开始指令

开始指令上方的颜色（橘色）代表它的属性，而中间的图标则用来标记它的用途，右侧正中间是与其他指令相连接的接口。由于开始指令代表了一段程序的起始点，所以开始指令只有输出端的接口而没有输入端的接口，而其他指令则根据不同的功能会有更多的输入 / 输出端的接口。在界面的下方是编程面板（见图 4-5），供你选取各式各样的指令。详情请参看第 3 章对编程面板的指令说明。

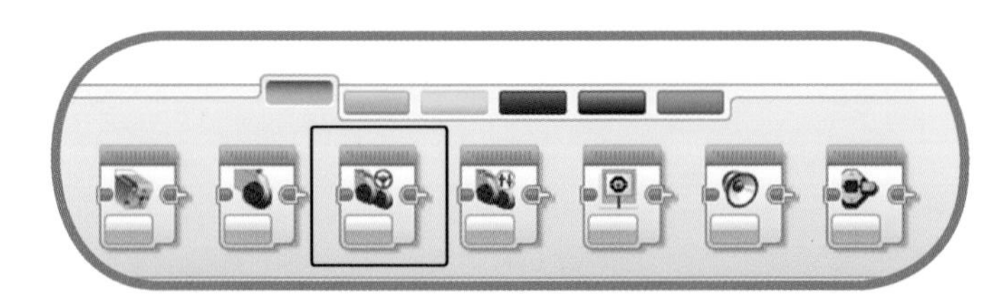

图 4-5　编程面板

在本章中，我们只需要用到绿色动作指令区中的移动转向（Motor Steering）指令，也就是从最左侧开始数的第 3 个指令，如图 4-6 所示。

图 4-6　移动转向指令

3. 移动转向指令的详细设置

如图 4-7a 所示，我们要在动作指令区中找到本指令，将其拖曳到程序编写画面中并与起始指令连接。你也可以先将移动转向指令放在一边，再用鼠标将两个指令的连接口连起来，这两种方式的效果是一样的（见图 4-7b），不会因为指令间连线的长短而影响指令执行的效率，不过我们还是建议你将连接线排布整齐。

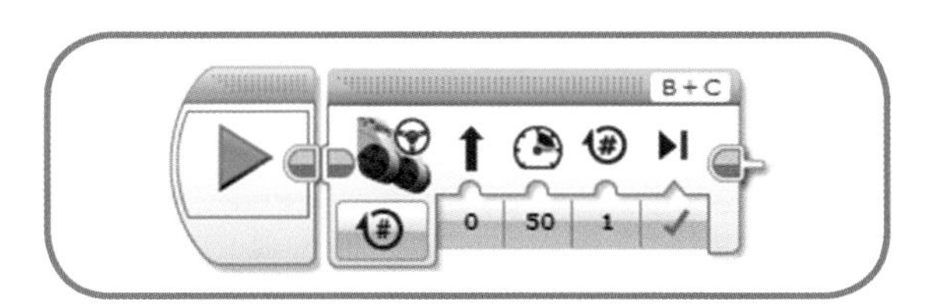

图 4-7a　移动转向指令与开始指令连接

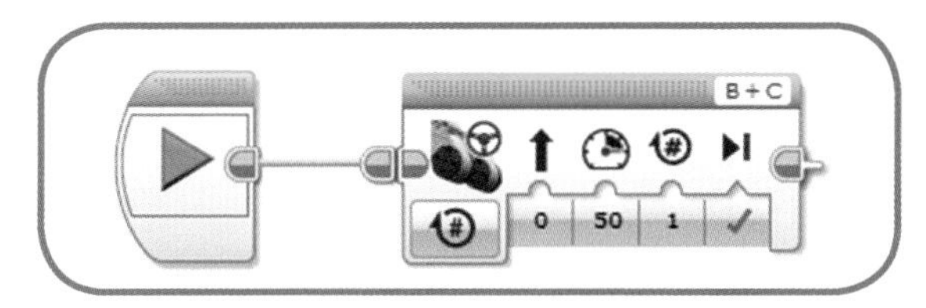

图 4-7b　相同的效果

如图 4-8 所示，在移动转向指令的右上方，软件会默认所要控制的电机为 B 与 C，若在连接时所使用的接口并非 B、C 接口，那么可以单击其中任意一个英文字母来更改自己想要控制的电机。A、B、C、D 字母选项上面的积木方块图标，能够使被控制的电机成为一个可以改变的参数，并且可由其他指令来控制，在这里我们先不讨论。请注意本指令要使用两个电机，如果你要控制单个电机的话，请改用大型电机或中型电机。

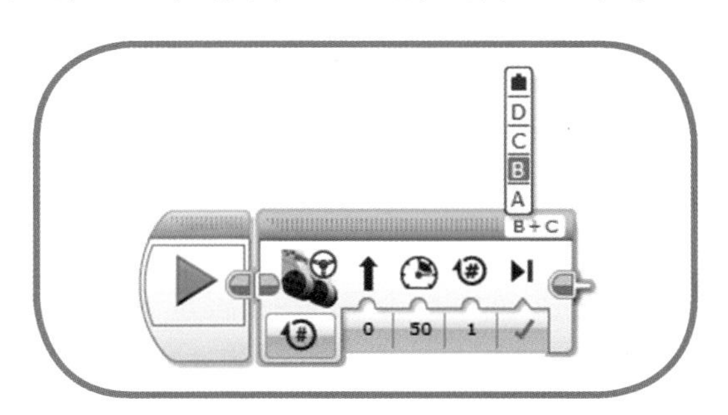

图 4-8　更改被控制的电机

选定好要控制的电机之后，接着要决定用什么方式来控制电机转动。请看移动转向指令下面的 5 项参数说明（见图 4-9）。

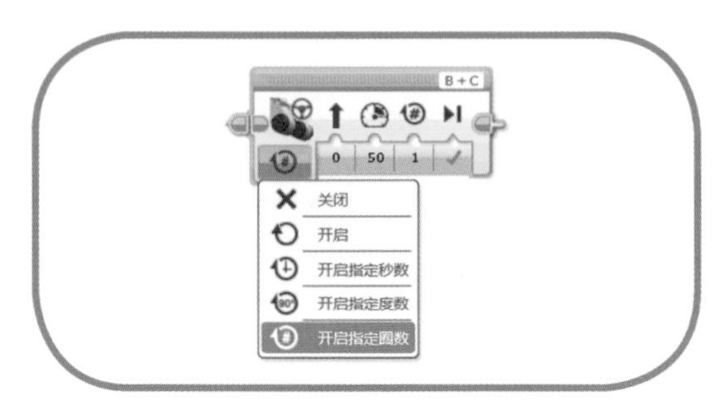

图 4-9　设置电机的转动状态

A. 设置转动状态

单击移动转向指令左下角的图标，可以看到其默认选项是用圈数来控制电机的转动量。你可以选择的参数从上到下有：停止电机（Off）、在没有接收到下一个指令前持续地转动电机（On）、在指定秒数的时间内转动（On for Seconds）、转动指定角度（On for Degrees）、转动指定圈数（On for Rotations）。

在这里选择不同的状态，会使横排第 4 个图标也呈现不同的内容。单击 Off 后只会剩下第 4 个图标，而选择 On 只会剩下第 1 个和第 2 个图标，选择其他参数则会保留所有图标。

B. 舵向（Steering）

接下来要设置机器人的舵向，这个概念类似于转动汽车的方向盘，不同的是它由两个电机的转速比例来决定。单击左起第 2 个图标，其下方会弹出一个可以左右调整的刻度指针，指针的位置决定上面显示的数字。当然你也可以直接在上面输入你想要的数字，而这个数字就是舵向的参数，注意该数字只能是整数。当你单击刻度线的标记两侧，而非拖曳指针的时候，数值会根据你单击的位置批量增减，一次增减 10。该数值的默认值为 0，这时你会发现数字上方的箭头图标为直行，这表示在该设定下，两个电机以相同的速度转动，机器人的移动方式为向前直行。如图 4-10a 所示，当你把数值调为正时，以 A+C 电机为例，A 电机的转速会比 C 电机高，若将机器人的左右电机分别接在 A、C 输出端口，那么机器人便会右转。反之，如图 4-10b 所示，如果将数值调为负，C 电机的转速将会高于 A 电机，这时机器人便会向左转。舵向的数值范围为 -100（原地左转）到 100（原地右转）。

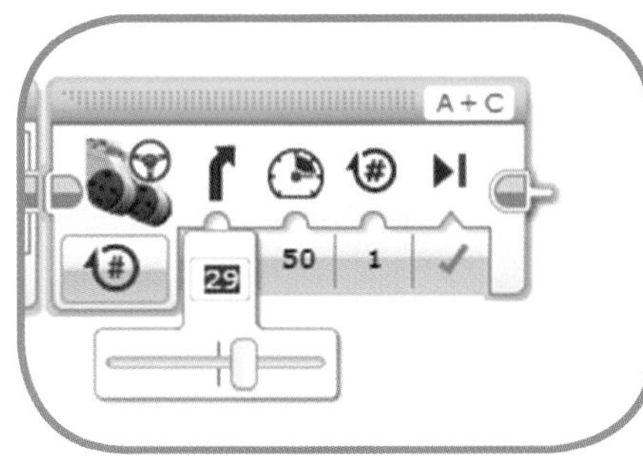

图 4-10a　设置舵向为 29（朝右前方移动）

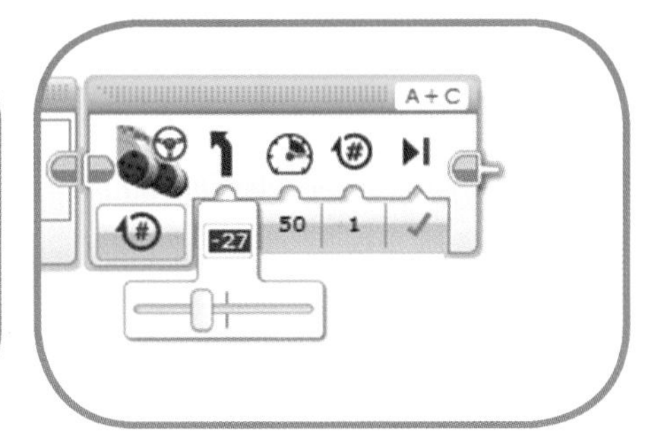

图 4-10b　舵向也可以为负值，表示向另一侧转弯

C. 功率（Power）

第 3 个图标可以用来设置电机的供电强度（或称转速、功率值、马力值、动力值均可），默认值是 50%，也就是电机每秒旋转 360°，刚好一圈。如图 4-11 所示，功率值的范围是 -100 ~ 100，其正负值表示的是电机的正转与反转。对于乐高机器人的电机来说，该参数设置为 100% 的意思是电机每秒旋转 900°，也就是两圈半。由于电机的转动效果会受到许多外在因素的影响，例如摩擦力以及电池电压等，因此 EV3 主机会根据电机的角度传感器值来监控电机是否以指定速度来转动，这样的设计会得到比较好的控制效果。事实上，当我们在执行移动转向指令时，EV3 主机会同时监控两个电机的状态，当某一个电机因为外力因素导致转速下降时，EV3 主机会要求另一个电机也一并减速，好让机器人继续朝着同一方向前进，这被称为同步（synchronizing）。

CAVEDU 说：电机碰到障碍物只会变慢。

当机器人碰到障碍物时，行进速度就会减慢甚至被卡住而无法移动，相应的电机转速也会下降甚至停止。只有超级玛丽吃到星星时，速度才会变快，而机器人撞到星星可不会这样！

图 4-11　功率值的范围是 -100~100

D. 执行条件

第 4 个图标跟第 1 个图标紧密相关，而第 1 个图标就是刚才设置的转动状态。根据之前所选择的转动状态，这里会显示出与之相关联的图标。如果你一开始就选择不动或者是等待条件出现前持续转动，那么这个图标就不会出现。这项参数相对于以秒数计算（Second）以及以圈数计算（Rotation）的默认值皆为 1，而对于以角度计算（Degree）的默认值为 360。

E. 是否刹车（Brake at End）

如图 4-12 所示，第 5 个图标用来对电机的停止方式进行设置。这里有两种选择：第 1 种是直接强制停止电机转动（Brake at End），用对勾图标来代表，同时它也是默认的停止方式；第 2 种方法则是对电机停止供电（Coast at End），这时电机会由于本身转子的惯性再继续转动一小段时间才会停止。一般情况下，我们建议你使用强制停止，因为这样可以使机器人的运作更加准确。

CAVEDU 说：刹车的效果有可能因为车体的设计方式而有所不同。

使用加速齿轮组或者车体很轻时，单纯对电机停止供电也能够因为摩擦力而使机器人立刻停下来。另一方面，如果你在电机正转指令之后随即接一个短暂的电机反转指令，那么机器人从减速到停止这一段的行动与不加这个反转指令并没有什么区别，因为电机一定要先停下来之后才能反向旋转。

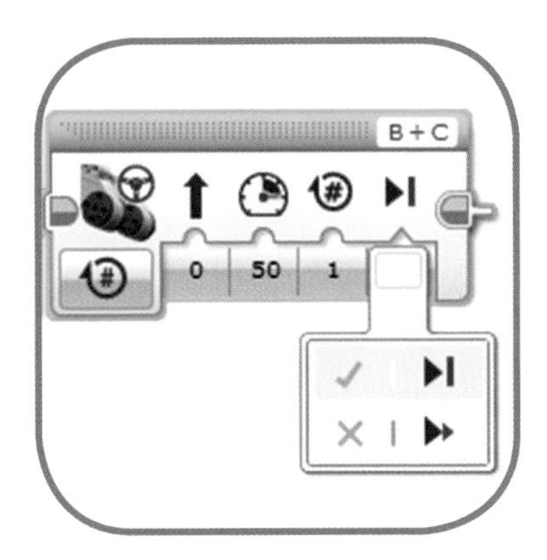

图 4-12　设置停止方式

4-3　将程序安装到 EV3 机器人中

程序写好之后，下一步就是要将它安装到 EV3 机器人里面。请单击 EV3 程序界面右下角的联机窗口，在这里你可以检查计算机与 EV3 主机的连接状况，如图 4-13 所示。右侧的 3 个图标，从上到下分别为：下载程序、下载并执行程序，以及执行指定程序。

另外你也可以直接单击开始指令的绿色箭头，这样软件就会直接执行这一条程序线，不过前提是所有指令必须在同一个开始指令后面，并且这时 EV3 主机一定要与计算机处于联机状态。

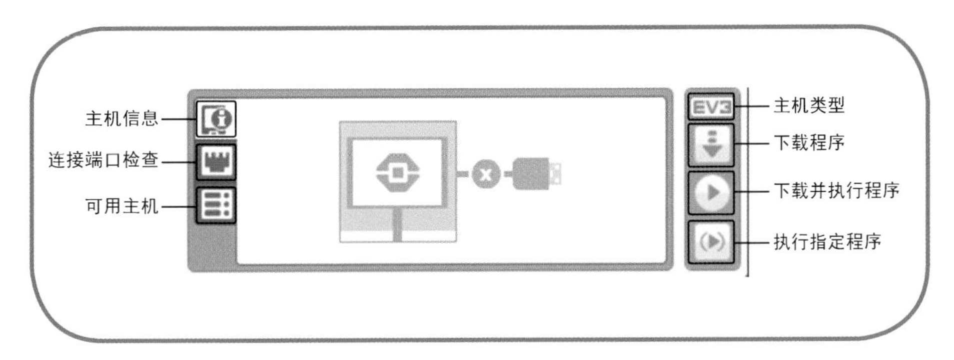

图 4-13　计算机未检测到任何主机

当计算机与 EV3 主机连接时，图 4-13 中左侧的第 3 个图标可以用来查看主机与计算机间的连接方式。设备与电脑连接后会出现图 4-14a 所示的界面。你也可以连接上一代的 NXT 主机，系统同样也会自动进行检测（见图 4-14b）。

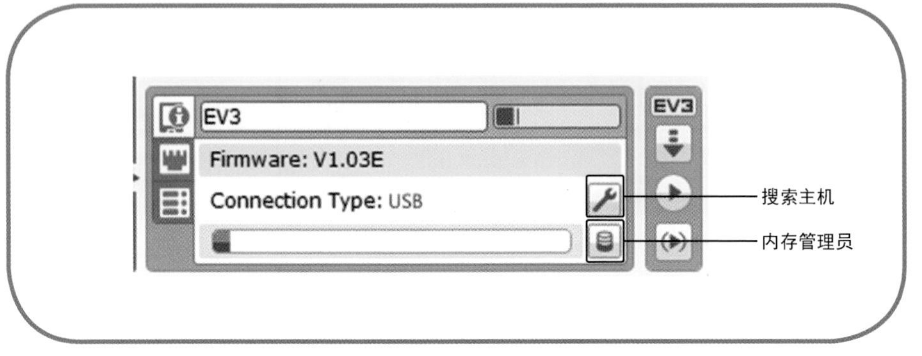

图 4-14a 一台 EV3 以 USB 与计算机连接

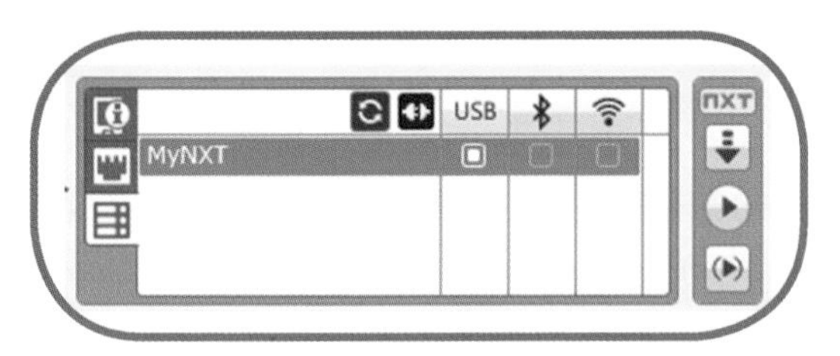

图 4-14b 自动检测到 NXT 主机

如图 4-14a 所示，通过单击 Connection Type 右边的扳手图标可以搜寻主机，主机信息经过整理后就会将目前可用的主机以如图 4-14b 所示的形式显示出来，详细数据包含了主机与计算机的连接方式（USB、蓝牙或者 Wi-Fi）。请注意，本书的范例中都使用 USB 传输线来连接主机与计算机。

选定主机后，可以回到图 4-14a 所示的第 1 个画面（主机信息页）查看该主机的内存使用量，图 4-15 是局部放大图。请单击圆柱形图标，打开内存管理员（Memory Browser）功能，如图 4-16 所示。在这里我们可以看到 EV3 内部存储中的详细数据，包括在该主机中所使用的媒体文件（如声音文件或者图片文件），这些文件都可以单独访问或复制，非常方便！

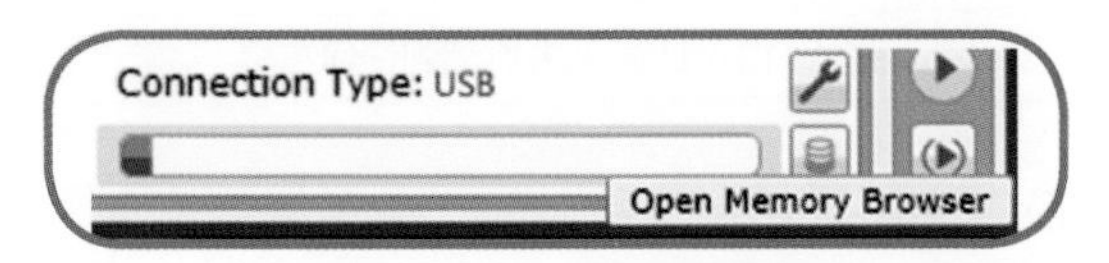

图 4-15 查看内存使用量

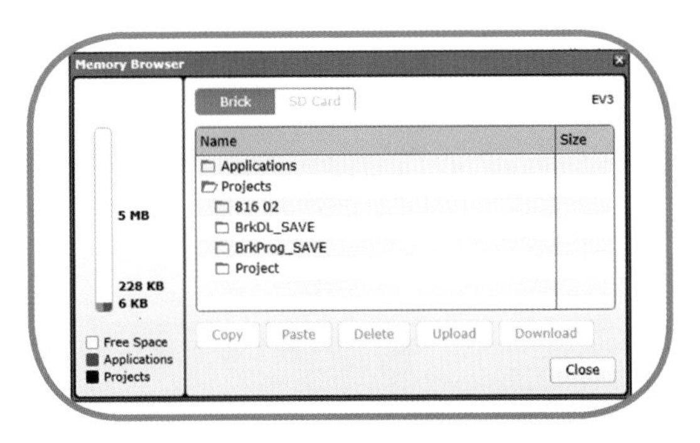

图 4-16　检查 EV3 主机内部存储的内容

而单击图 4-13 中左侧的第 2 个图标，则可以显示连接端口检查（Port View）页面，该页面会显示经过自动识别功能检测出的每个端口的连接状况（见图 4-17）。跟主机内所包含的检查设备状态功能一样，端口检查功能可以读取输入数据。例如，电机的输入数值可以有 3 种表示方式：角度、圈数和马力，你可以通过单击相应图案改变计算单位（见图 4-18）。其中比较有特色的是，每当你做出一次设置改变了转动量的计算方式后，计算机会自动在角度与圈数之间实时地更新数据。单击端口图标左上方的 A、B、C、D 或者 1、2、3、4 便可以将读取数值归零。

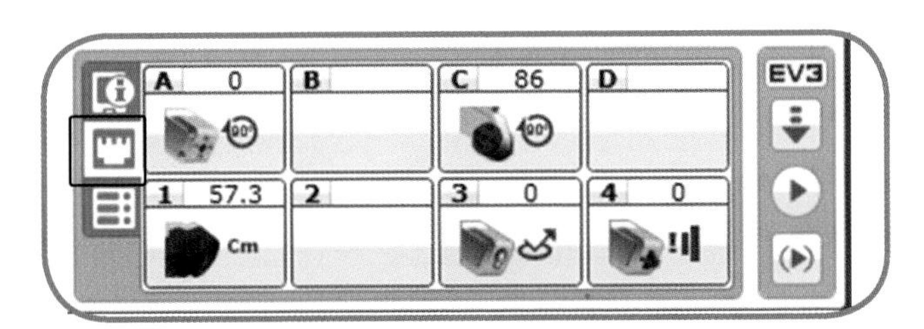

图 4-17　自动识别功能

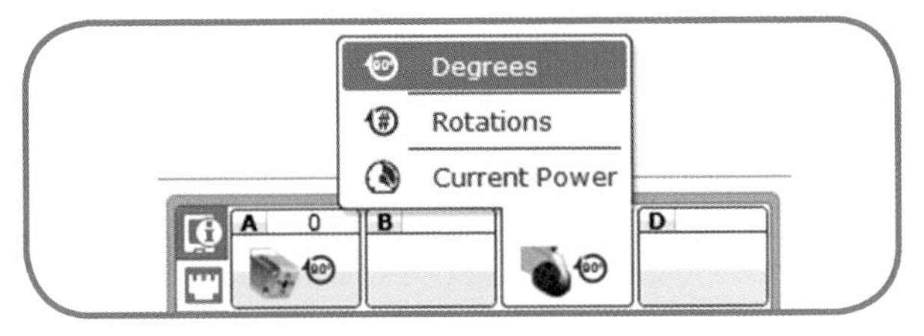

图 4-18　改变计算单位

最后，图 4-13 中左侧第 3 个图标是可用主机列表（Available Brick）功能，可用来检查是否有其他主机可供使用，以及该主机与计算机的联机方式，包含 USB、蓝牙以及 Wi-Fi 3 种。图 4-19 所示的是一台用 USB 方式连接计算机的 EV3 主机。

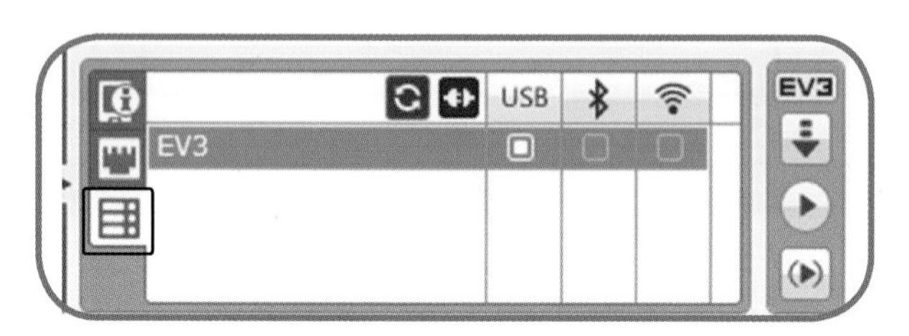

图 4-19　查看主机与联机方式

写好程序之后，单击“下载并执行”（Download and Run）按键，或者单击开始指令上的绿色箭头，都可以直接执行程序。你的机器人是不是已经顺利地动起来了呢?

4-4　加入更多动作

让机器人成功地执行第 1 个动作之后，下面的任务就是给 EV3 加入更多指令，从而让机器人的动作更加丰富。请在我们已经编写好的指令后方，再加入一个移动转向指令。接下来设置第 1 个方向盘式移动指令的执行条件为圈数 (On for Rotation)，并设定转动圈数为一圈；舵向设为 0——表示直线前进，功率值设为 75。然后将第 2 个移动转向指令的执行条件改为时间 (On for Second)，转动时间设为 0.3s ；舵向设为 40——表示向右前方移动；功率值设为 50。完成后的程序效果如图 4-20 所示。

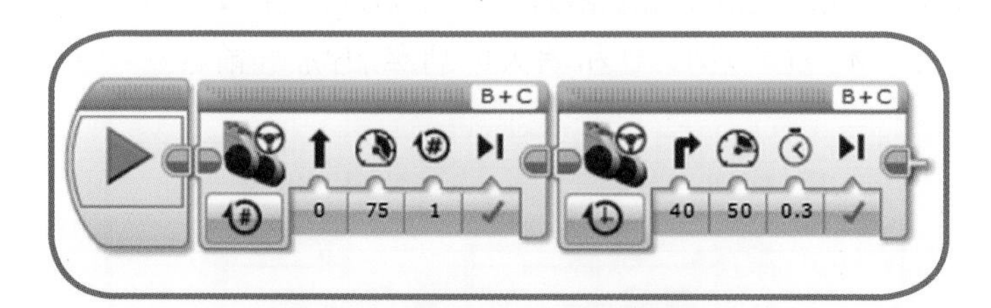

图 4-20　加入第 2 个移动转向指令

图形化编程的好处在于，你从程序本身就可以很直观地看出机器人的执行效果，因此你只需要新增更多的移动指令，就可以让机器人翩翩起舞。

4-5　小结

在本章中，我们学会了如何新增一个 EV3 的项目，如何编写你的第一个 EV3 程序，并且实际制作了一台采用双电机的机器人。在程序中使用移动转向指令，确实可以让它行动起来（向前走一圈）。在接下来的一章中，我们将帮助你了解如何使用坦克式移动指令让机器人实现转弯、后退等各种不同的动作。

4-6　延伸挑战

学会了如何使用移动转向指令之后，让我们试着利用本章的教学内容使你的机器人做各种不同的移动吧！

1.（　）单击移动转向指令右上角的英文字母可以选择要驱动的电机。

2.（　）功率的数值范围为 0~100。

3.（　）下列哪一个图为左电机为 B、右电机为 C，动作为电机前进一圈？

A. 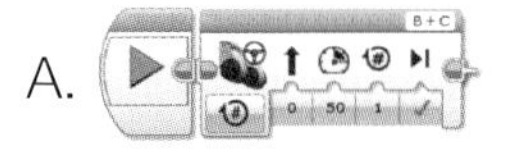　B. 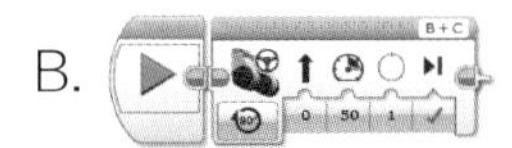

C. 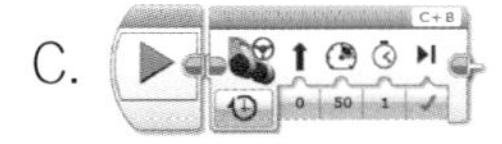　D 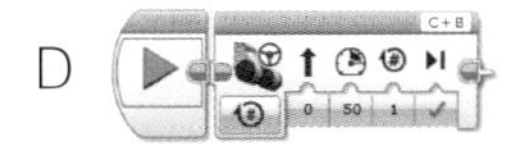

4.（　）在下列哪一个程序指令区可以找到电机的相关指令？

A. 流程　B. 数据　C. 传感器　D. 动作

5. 请修改本章的范例，让机器人以功率 40% 向后移动 200°（Ans4.1.ev3）。

6. 请修改本章的范例，让机器人以功率 75% 向前移动一圈后，再以功率 40% 向后走一圈（Ans4.2.ev3）。

第 5 章

机器人运动模式

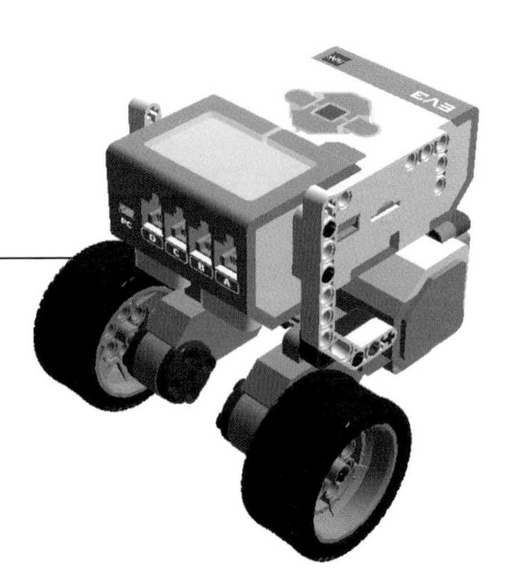

5-1 学习目标

在第 4 章中，我们学会了如何让机器人移动。而在本章中，我们将帮助你了解如何使用坦克式移动指令来控制机器人转弯，以及如何让机器人走一个正方形路线。在本章的最后，我们还会帮助你了解如何使用循环来简化程序，以便让机器人可以重复执行同样的动作。

5-2 让机器人转弯

5-2-1 差速驱动原理

本范例所使用的车体与第 4 章相同，请参考本书的附录 A 完成组装，或者你也可发挥想象力自行设计一台专属于自己的机器人。本书中所介绍的双电机机器人，其结构和驱动方式与普通汽车是不一样的。汽车转向是通过方向盘带动前轮的转向系统，继而拉动前轮左右偏转从而实现汽车转弯。

而我们常见的双电机机器人，则是在机器人两侧各安装一个电机，通过控制机器人两侧电机的转动方向以及速度来控制机器人的动作，我们将这种方式称为差速驱动（Differential Driving），这在结构上更加接近坦克车，而非汽车。根据两轮的转动方向以及速度，机器人会做出不同的动作。例如当两轮以相同速度同时正转或反转时，机器人就会前进或后退；而当两轮速度不相同时，机器人就会转弯，再加上对持续时间的控制就可以决定机器人转弯的程度。图 5-1 的 a、b、c 分别是 3 种不同的转弯效果，其差别在于转弯半径（图 5-1 中红点至外侧车轮）的大小是不同的。在实际使用中，你需要根据实际的情况来调整机器人的转弯效果，例如迷宫机器人就比较适合原地转向，过大的转弯半径可能会让机器人撞到墙壁。本书所使用的机器人都是基于差速驱动平台设计，原因在于它组装方便并且易于扩展。

第 4 章介绍过的移动转向指令，与本章所要介绍的坦克式移动指令，都可以结合差速驱动平台来使用。这两个指令的差别在于，移动转向指令是通过设定舵向（Steering）这个参数来控制机器人是直走还是转弯，而坦克式移动指令则是通过直接调整两个电机的转速，从而控制机器人的运动方向。下面我们将介绍如何使用坦克式移动指令（见图 5-2）来实现各种不同的行进效果。

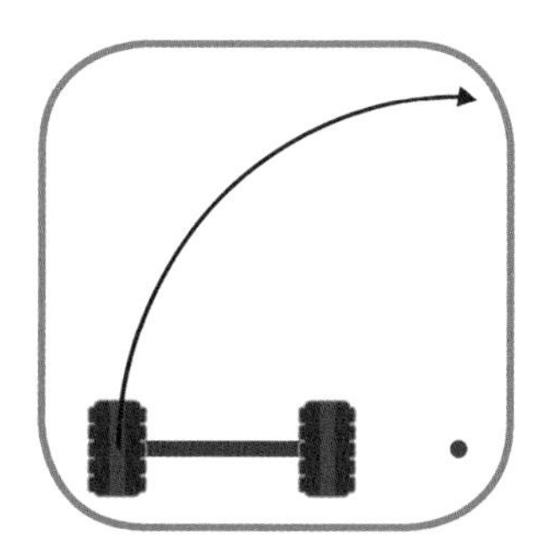

图 5-1a　沿着较大的弧线转弯

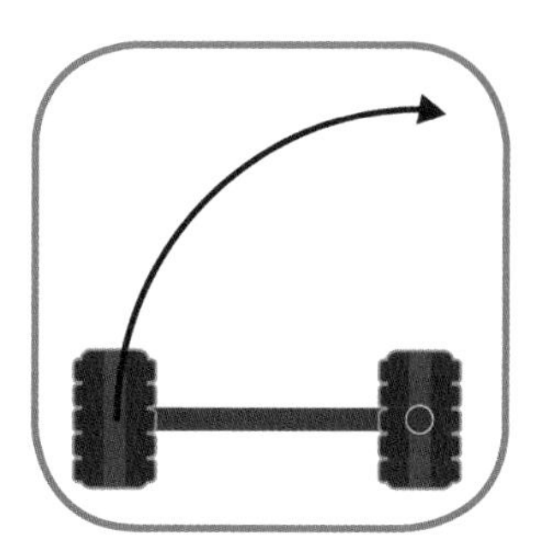

图 5-1b　以静止的一轮为圆心转弯

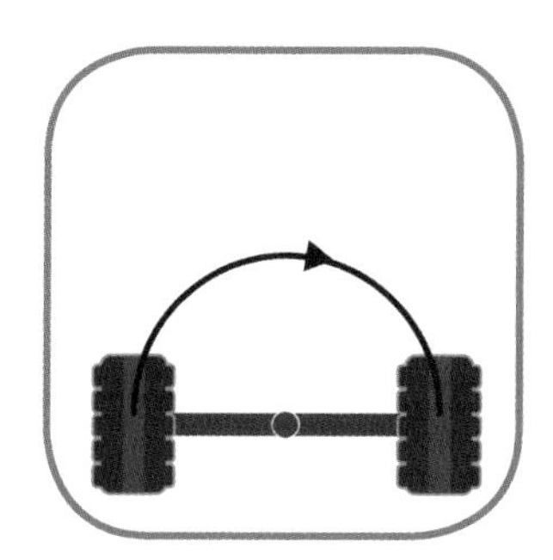

图 5-1c　以两轮轴线的中心为圆心转弯

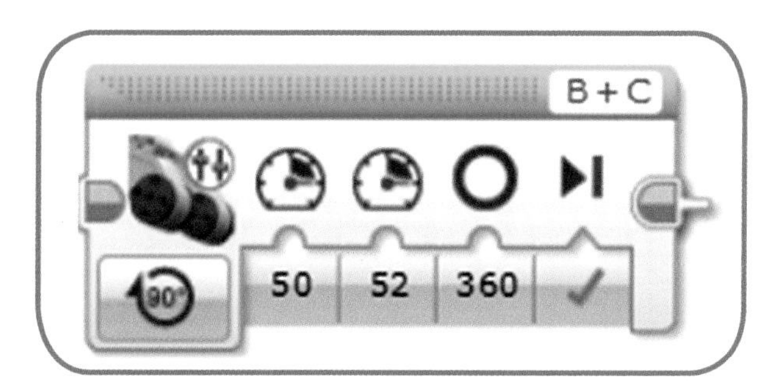

图 5-2　坦克式移动指令

车体在坦克式移动指令驱动下的 3 种旋转方式

A. 原地旋转（两轮转动方向相反，一轮朝前转动一轮朝后转动）

假设左边的电机为 B，右边的电机为 C。当 B、C 两个电机以同样的功率以及同样的方向带动轮子转动时，车子会沿直线前进或后退。如果我们不改变电机的功率，而改变其中一个电机的转动方向，那么车体便会以自己的中心为轴，沿顺时针或者逆时针的方向旋转（见图 5-3a）。当机器人以这样的方式旋转时，其旋转半径是所有旋转方式中最小的，所以就旋转的角速度（角度在单位时间内改变的量）来讲，这种方式的旋转效率最高。如图 5-3b 中的程序会使车体以自己的中心顺时针旋转。

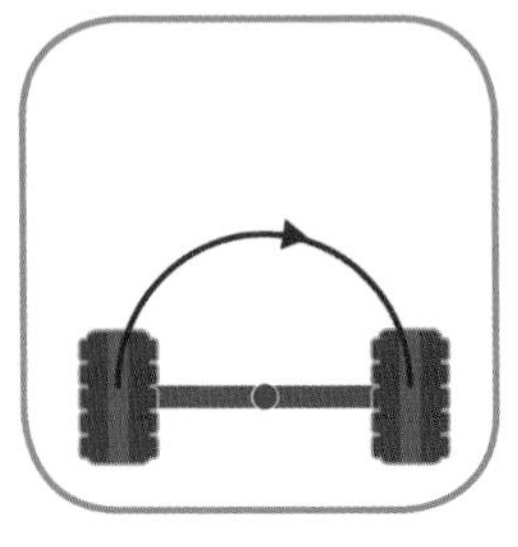

图 5-3a　以车子中心为轴原地旋转

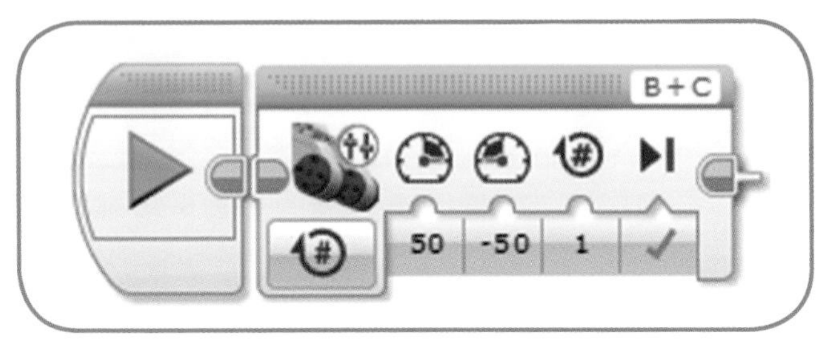

图 5-3b　以车子中心为轴原地旋转的电力配置（50、-50）

B. 以车体的某一轮为轴旋转（一边轮子不动，另一边轮子转动来实现车体旋转）

同样可以利用坦克式移动指令，使一轮不动而另一轮动（见图 5-4a 和图 5-4b），那么旋转半径就是车轮的轮距。这里请注意，旋转半径刚好是方法 A 的两倍。

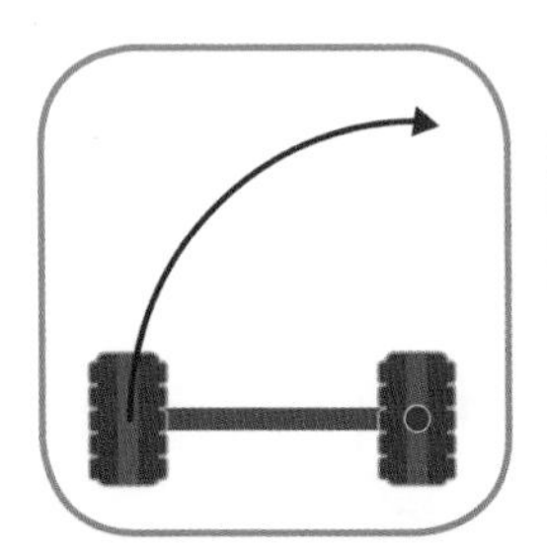

图 5-4a　以静止一侧的轮子为轴心进行旋转

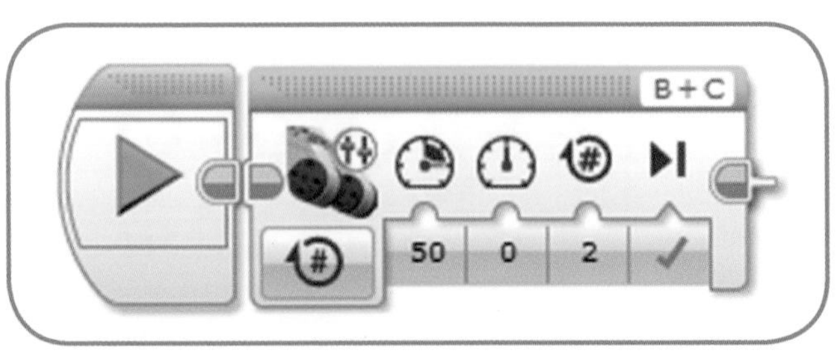

图 5-4b　电机转动，以静止的 C 电机为轴心旋转的电力配置（50、0）

C. 以车体以外的点为轴做旋转（两轮都前进但速度不同的旋转）

当两轮以不同速度但相同方向转动时，看起来整台机器人像是以其外部的一个轴线为基础做旋转，所以旋转半径比前两种方式都要大（见图 5-5a 和图 5-5b）。两轮的速度差越小，旋转半径就越大。

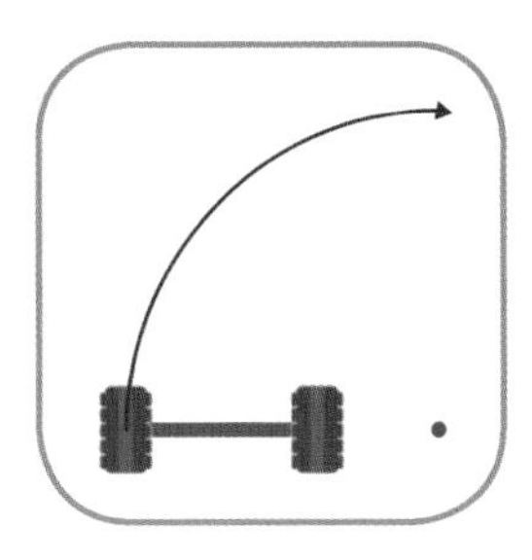

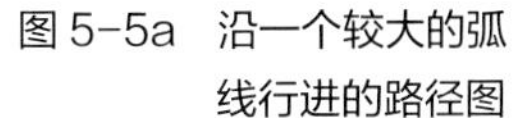

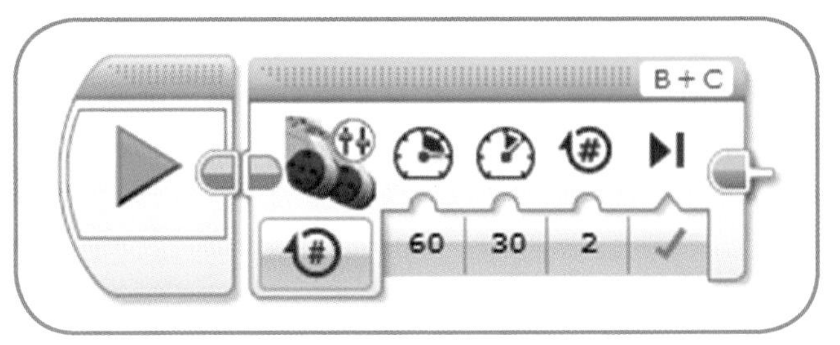

图 5-5a　沿一个较大的弧线行进的路径图

图 5-5b　功率配置为（60、30），可以让机器人朝右前方移动

5-2-2　如何走一个正方形路线

让我们来想象一下，如果机器人要沿正方形的路线行进，那么它的行走路径都会包含哪些要素？在机器人的行走过程中，包含了“直线前进”以及“转向 90 度”这两个动作，只要将相同的动作重复 4 次即可完成一个正方形路线。

A. 使用移动转向指令

我们利用第 4 章所掌握的移动转向指令，将图 5-6 中指令的参数进行调整（这需要根据你的机器人车体以及轮距来调整），让机器人刚好转弯 90°，一共编写 4 次。

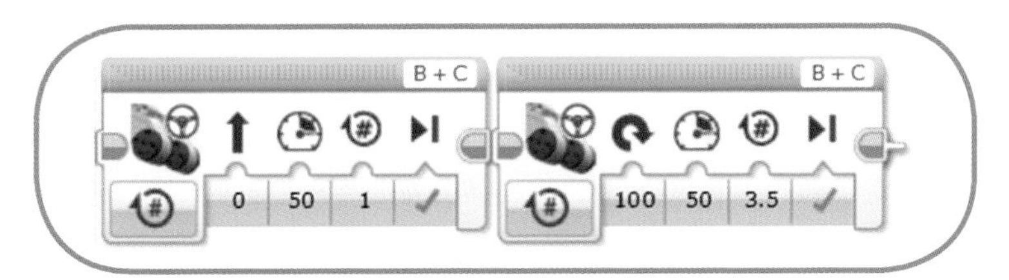

图 5-6　以上指令会让机器人直走后右转，请再复制 3 次来完成正方形路线程序

然而编写那么多指令出来有点麻烦，所以我们可以采用复制粘贴的方式来简化操作。我们选取要复制的指令，按下键盘上的 Ctrl+C 组合键便可以进行复制，再按下 Ctrl+V 组合键就可以粘贴刚刚复制的片段。这里建议你选取所有要粘贴的程序一起进行复制粘贴操作，将其移动到想要的位置。

B. 使用坦克式移动指令

如图 5-7 所示，利用本章所教的坦克式移动指令，将指令设置为让机器人先直走再右转，然后复制 3 次以完成正方形路线程序。

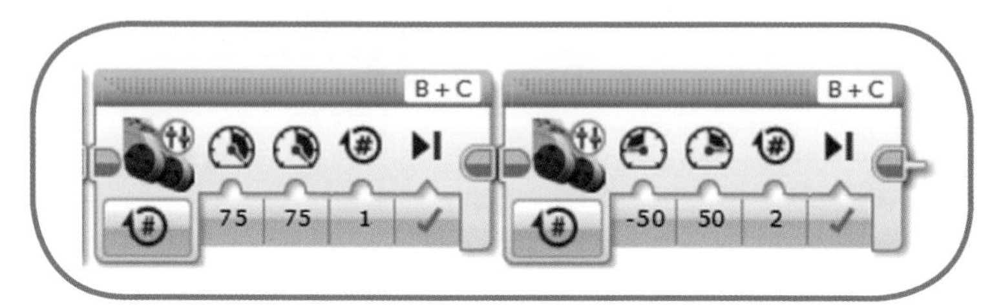

图 5-7 使用坦克式移动指令，让机器人走正方形路线

5-3 循环

真是令人吃惊，仅仅是想让机器人走正方形路线就需要用到 8 个指令，那么如果要走两圈正方形路线的话就需要 16 个指令，万一还需要修改相关参数，那就会变得相当麻烦。不过别担心，在所有的编程语言当中，都会有所谓的循环指令来帮助我们重复执行相同的指令，这样不但程序会变得更简单易懂，而且当你需要修改程序时，只需要将相应的地方修改之后，再借助循环指令重复执行就可以了。图 5-8 所展示的就是，将 5-2-2 这一节中所使用的走正方形路线的相同部分，通过循环指令重复执行 4 次，界面显然要比用复制粘贴的办法操作干净许多。在命令行形式的编程语言中，常见的有 while 与 for 这两种循环方式，EV3 中的循环指令（见图 5-9）即可实现上述两种循环的功能。

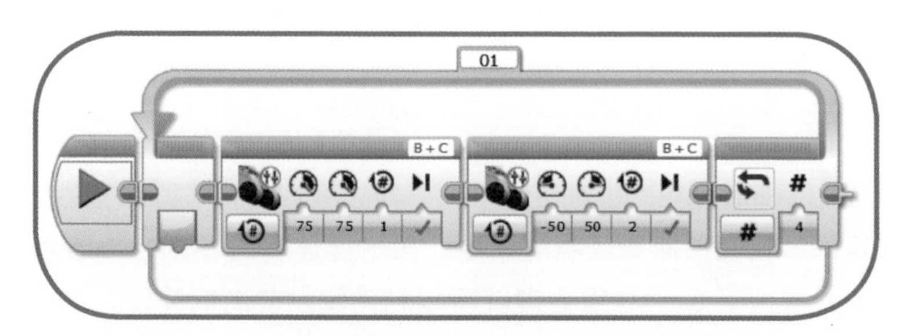

图 5-8 使用循环重复直走及转弯 4 次来沿正方形路线行进

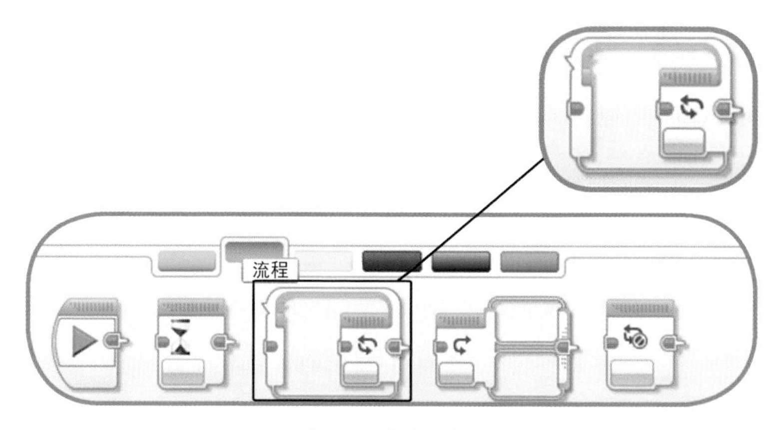

图 5-9　位于流程指令区中的循环指令

循环结束条件

循环指令的结束条件大致上分为以下几种：传感器、消息传递、无限制、计数、逻辑，以及时间，其中传感器还有额外的细分规则。结束条件默认为无限循环（Unlimited），如果要更改结束条件，需要单击指令右下角的无限制符号进行更改，如图 5-10 所示。

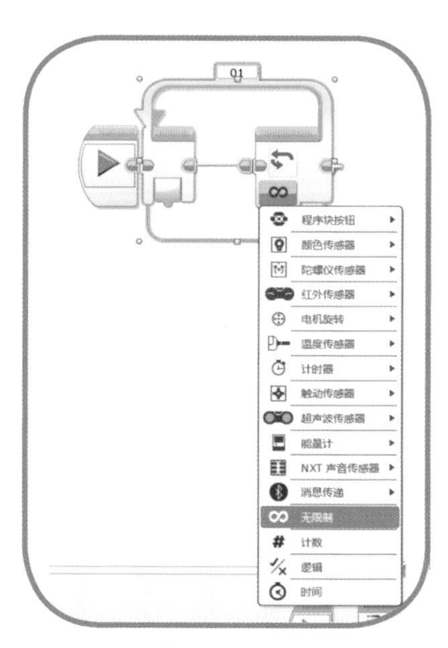

图 5-10　设定循环结束的条件为无限制

循环名称

如图 5-11 所示，循环的默认名称为 01，位于循环指令图标的正上方。我们可在程序中的任意阶段调用特定名称的循环，或者利用循环中断指令来要求某个循环停下来（见图 5-12）。

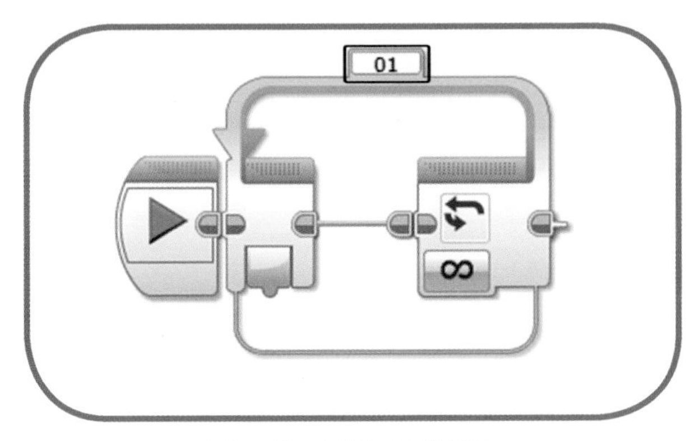

图 5-11　名称为 01 的循环

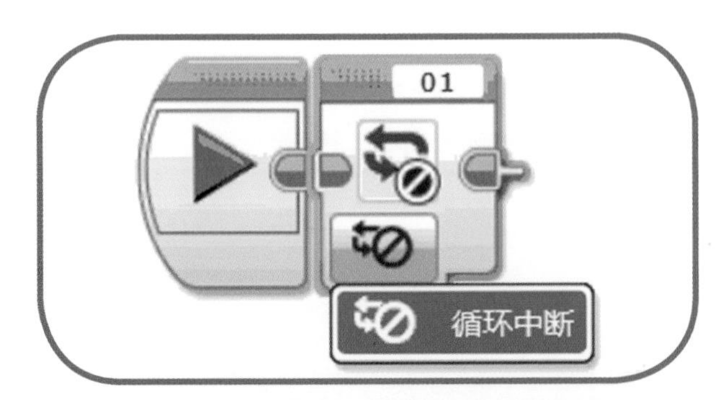

图 5-12　循环中断指令，用于停止指定名称的循环

循环次数输出

循环最前端有一个计算循环执行次数的输出接口，你可以通过循环次数来控制内部的程序指令。如图 5-13 所示，我们可以利用循环次数的输出信息，使电机运转圈数随着循环次数增加，将鼠标移动到循环编号（Loop Index）后面，并将其连到电机指令的圈数就可以了。

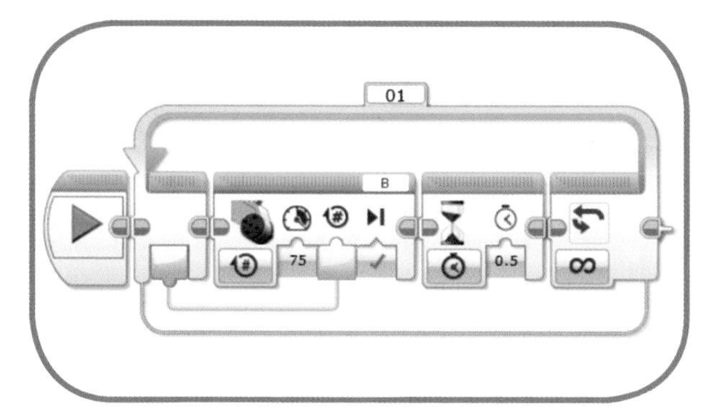

图 5-13　利用循环次数来控制电机运转圈数

5-4　小结

本章介绍了坦克式移动指令，它与第 4 章所介绍的移动转向指令都是很常用的机器人运动指令，请好好熟悉其各项参数的设置。同时，我们也帮助你了解了如何控制电机的转速从而让机器人按照不同的路线与方向行进，以及如何配合循环指令来重复执行某一段指令。

5-5　延伸挑战

1. (　　) 你可以通过循环指令来简化程序。
2. (　　) 循环指令位于流程指令区中。
3. (　　) 只要参数相同，不论机器人的组装方式如何都可以达到相同的运动效果。
4. (　　) 坦克式移动指令可以使车体如何移动？
   A. 以两轮连线中心为轴的旋转效果
   B. 单边前进，单边停止的旋转效果
   C. 利用两边轮子速度差的旋转效果
   D. 以上皆是
5. (　　) 下列哪一个不是循环的结束条件？
   A. 传感器
   B. 计数
   C. 逻辑

D. 秒

6. 请修改本章范例，让机器人走一个矩形螺旋路线。提示：利用循环次数让机器人每次都多直走一点点，但是转弯一样还是转 90°（答案：Ans5-1.ev3）。
7. 使用循环结束条件，让机器人前进，直到你按下主机按键的中间键后停止。

第 6 章

迷宫机器人

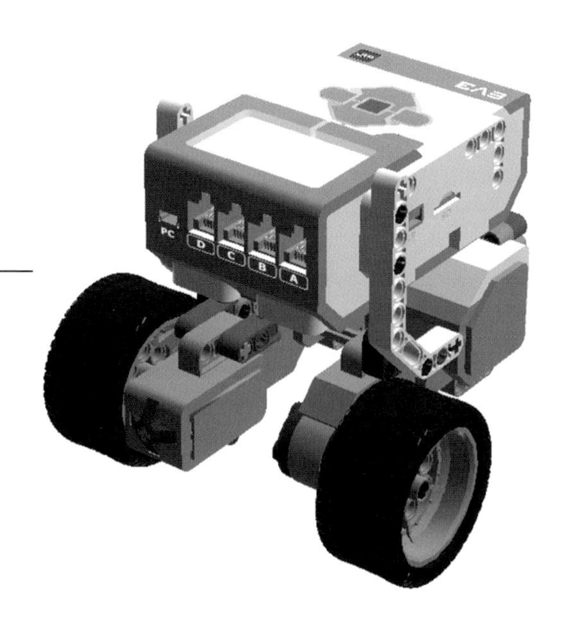

6-1 学习目标

在本章中，我们将会帮助你学习如何使用超声波传感器以及触动传感器搭建一台可探测障碍物的迷宫机器人，并且了解如何运用循环及切换指令，让机器人持续侦测外界环境情况，并根据条件是否成立来执行对应的动作。

6-2 循环与切换结构

6-2-1 循环

循环（见图 6-1a）指令位于流程指令区，它会使循环内的程序重复执行直到达到停止条件。

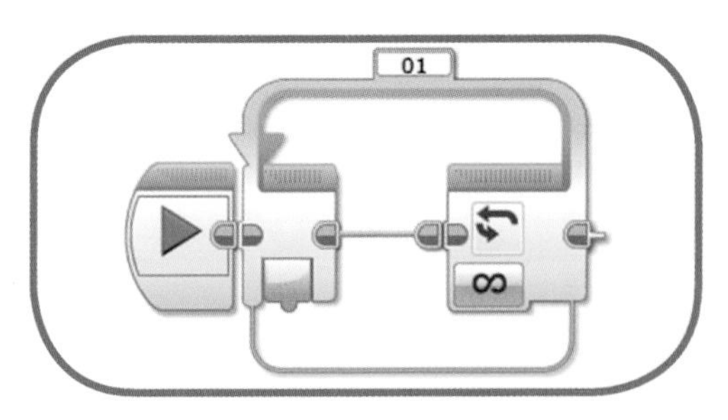

图 6-1a 循环

举例来说，在 EV3 里先创建循环指令，然后在循环中放入无限制的 BC 电机（见图 6-1b）并执行。这时候你将看到，电机会不停地转动从而带动机器人向前行进，直到程序被强迫停止或者电池没电为止。

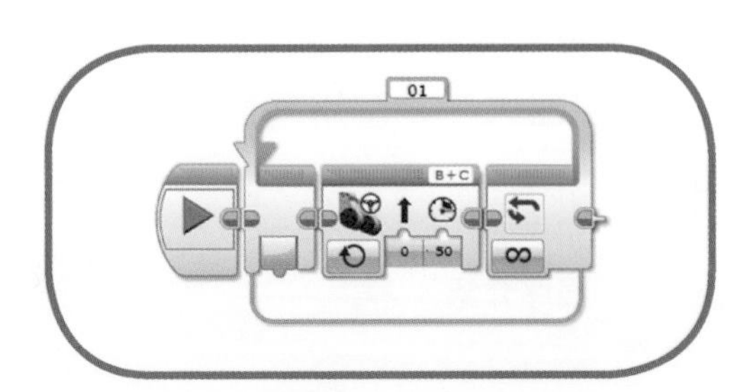

图 6-1b 使用循环让 BC 电机持续转动

控制循环的条件设置选项有：传感器、无限制、计数、逻辑以及时间。EV3 默认停止条件为无限循环，如果需要更改条件，可以单击右下角无限符号，在弹出的菜单中进行调整（见图 6-1c）。

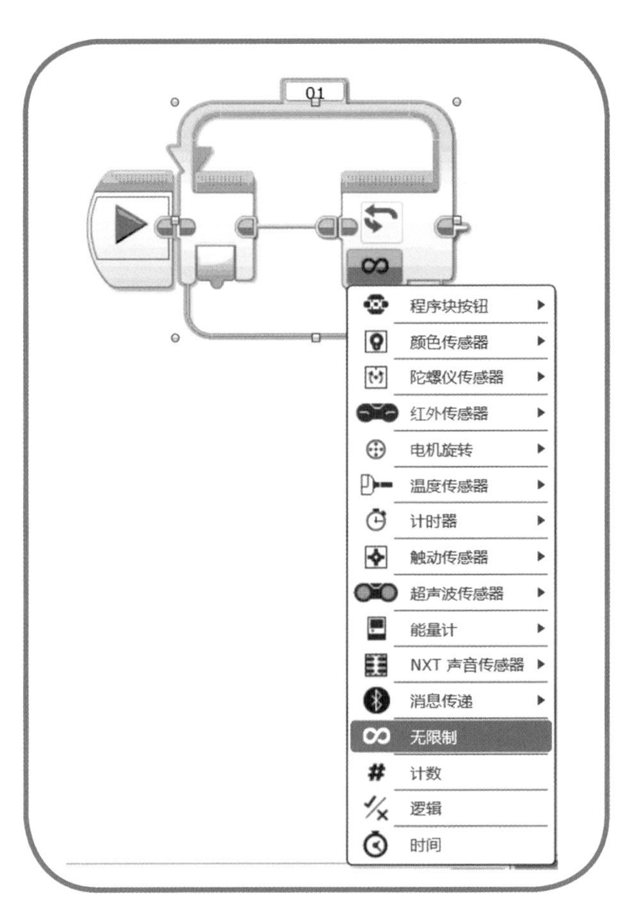

图 6-1c　更改循环条件

6-2-2　切换

切换指令（见图 6-2a）位于流程指令区之中，当程序目前的情况达到切换指令条件时，会执行「√」内的程序；当条件未达到时，则会执行「X」内的程序。

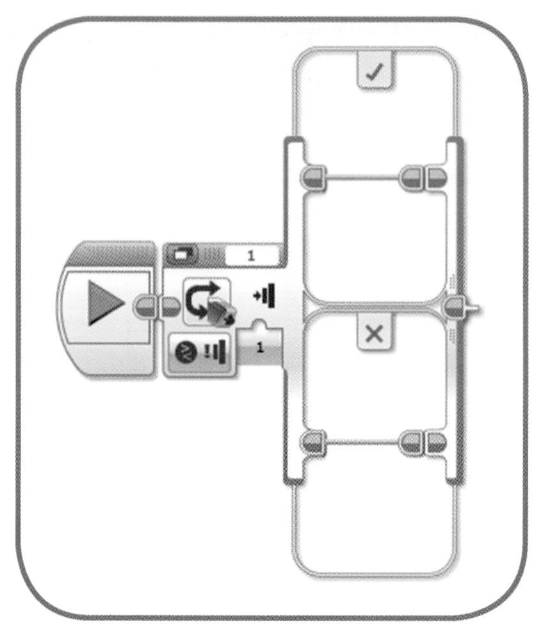

图 6-2a　切换指令

举例来说，如图 6-2b 所示，在循环内放入切换指令，切换指令默认为：触动传感器（触动开关状态为 Push）。我们在「√」区域放入移动转向指令，让 BC 电机无限制前进；在「X」区域则让 BC 电机停止。程序开始执行后，每当我们压下触动传感器的触动开关，BC 电机就会持续转动；放开触动传感器的开关后，BC 电机就会停止。

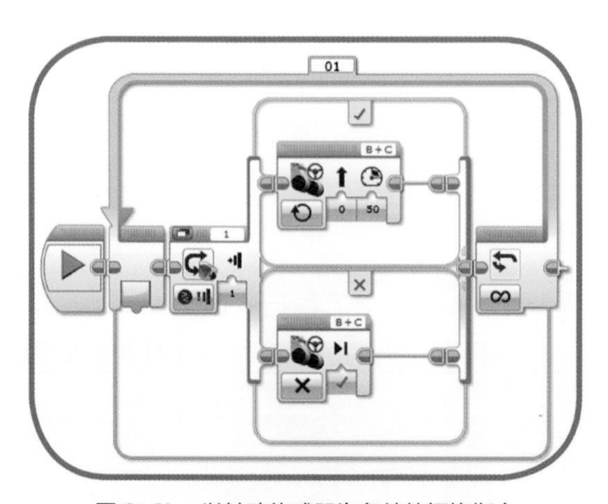

图 6-2b　以触动传感器为条件的切换指令

CAVEDU 说：切换与等候的差别。

等候是指，当程序执行到该程序块时，需要等待此程序块的条件达成后，才会继续执行后面的程序指令；而切换则是在当前情况达到条件时就会执行「√」区域中的程序，若条件未达成则执行「X」区域的程序，中间并没有等待的时间。

6-3 迷宫机器人——使用触动传感器

6-3-1 结构

在制作迷宫机器人时，我们需要在机器人最前端装上一个触动传感器。在这个例子中，我们将触动传感器接在 1 号输入端口上。

6-3-2 触动传感器指令

触动传感器指令可以读取触动传感器返回的数值。触动传感器返回的状态有以下 3 种：释放、压下、弹起（压下后马上放开），程序则根据读取到的状态来输出一个对应的逻辑值（True 或 False）。如图 6-3 所示，触动传感器指令共有两种模式：测量模式和比较模式。

测量模式

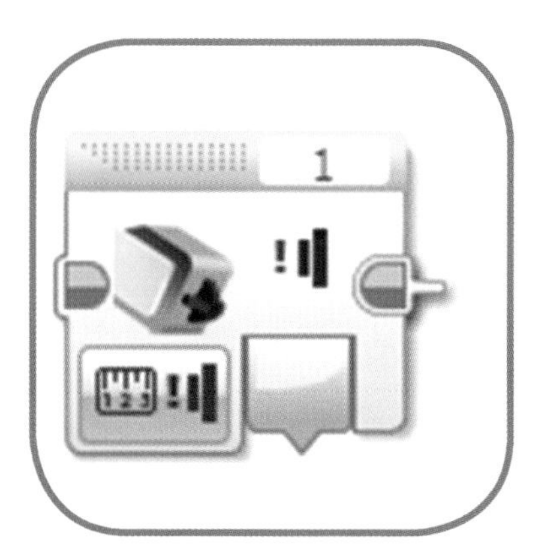

图 6-3 触动传感器指令下的测量模式

在这个模式下，传感器的状态以逻辑值表示。若传感器开关被压下，则结果真（True），开关被释放结果则为假（False）。

范例 1：切换灯光颜色

〈EX6-1. ev3〉

如图 6-4 所示，如果读取到的触动传感器状态为压下，则 EV3 按键发出橘色光；如果传感器状态为放开，则发出绿色光。

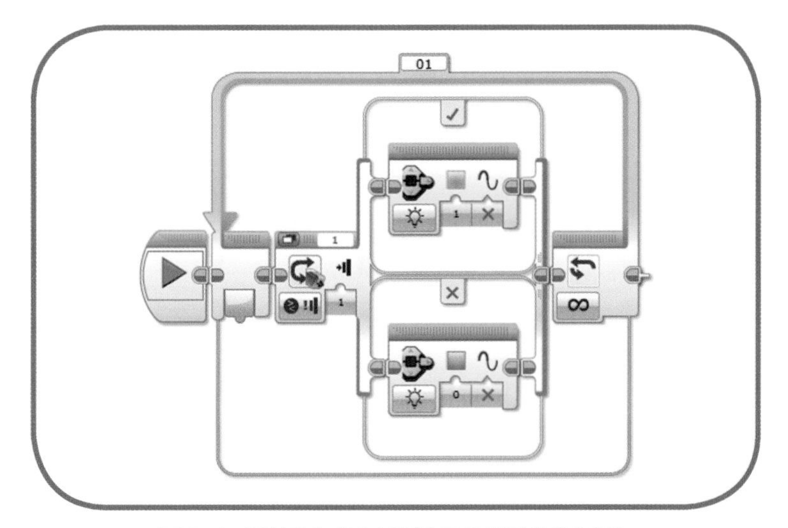

图 6-4 以触动传感器来控制 EV3 按键的发光颜色

比较模式

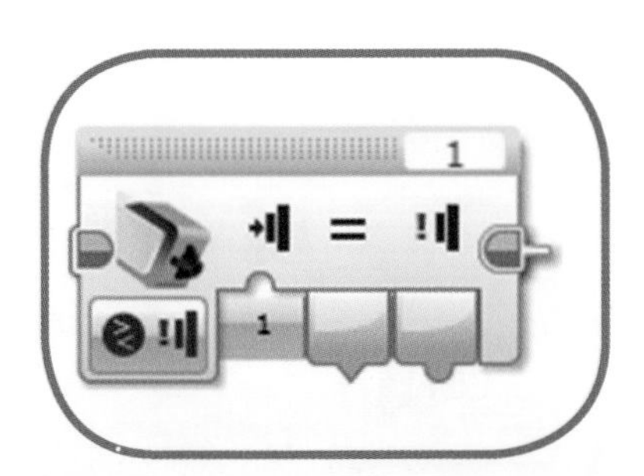

图 6-5 触动传感器指令下的比较模式

这个模式有两个主要的输出值，第 1 个是将传感器目前的状态与自定义状态相比较，并以逻辑值表示结果是否相符；第 2 个是以数值（范围是 0~2）来表示传感器目前的状态，在这里我们可以对传感器状态进行如下 3 种设置：0 释放、1 压下、2 弹起。

范例 2：切换三色灯光并显示于屏幕上

〈EX6-2. ev3〉

如图 6-6 所示，令 EV3 的按键灯光颜色可以反映出触动传感器目前的状态值，并在 EV3 的屏幕中间显示目前的传感器状态值。如果触动传感器状态为释放，则发出绿色光；状态为压下则发出橘色光；如果状态是弹起的话，则发出红色光。

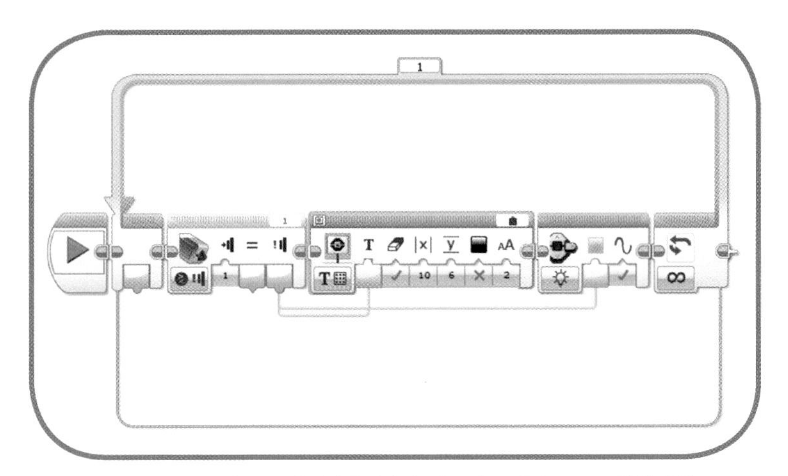

图 6-6　按下传感器开关对应发光颜色以及在屏幕上显示开关状态代码

6-3-3　程序介绍

〈maze_touch.ev3〉

一部机器人想要走出迷宫，最重要的能力就是可以了解周围的环境。也就是说，我们可以通过传感器来探测机器人的前、后、左、右，看看哪边有墙，或者路在哪里。利用这些传感器返回的状态来生成相应的数据，再配合适当的程序运算，就能使机器人顺利地找到出口。

在本节中，我们将使用触动传感器来探测前方是否有墙壁挡住了机器人的行进路线。当探测到前方有墙壁时，机器人可以做出适当的反应，例如转向或者是绕过墙壁。

本范例所使用的是一个 П 形的迷宫（如图 6-7a 所示），你可以利用箱子、书本（或者是墙壁）等障碍物，把迷宫路线围出来。针对这个路线，我们将机器人的基本行为模式设定为：直走，一旦撞到障碍物时，会先稍微后退一点再右转。如果一切顺利的话，机器人就可以这样走出迷宫了。当然，我们可能还需要根据实际状况来修改机器人的各项参数，以达到最终效果。同时，我们也欢迎你自行设计各种不同路线的迷宫来进行挑战，图 6-7b 中展示了两种迷宫路线。

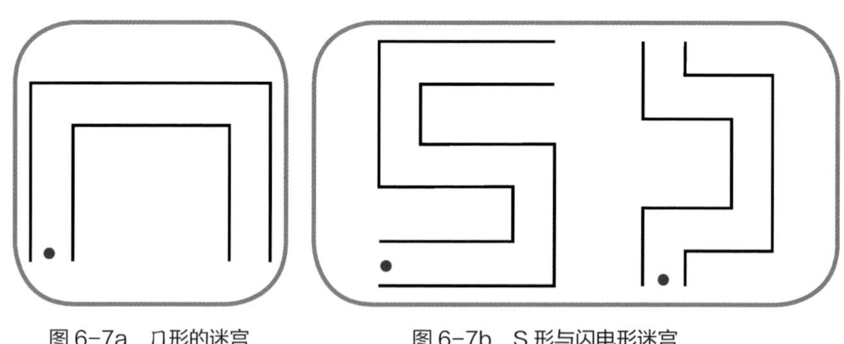

图 6-7a　П 形的迷宫　　　图 6-7b　S 形与闪电形迷宫

步骤 1：重复执行循环

机器人在行走时，自己并不知道何时会碰到墙壁，因此程序必须能够让机器人不断地探测障碍物才能达到效果。这里我们需要使用流程指令区中的循环指令，并设置循环的停止条件为无限循环（Unlimited）（见图 6-7c）。

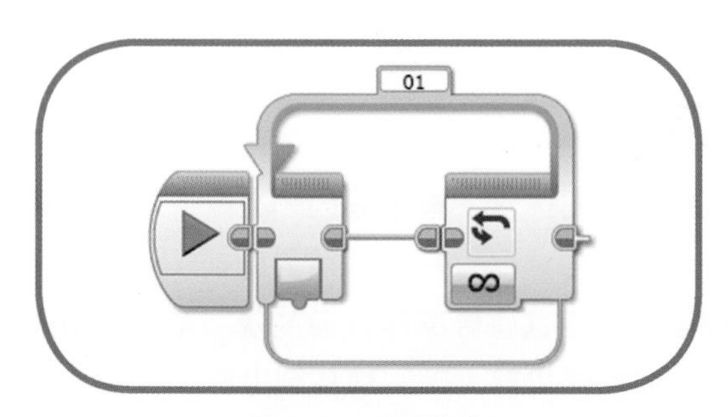

图 6-7c　循环指令

步骤 2：条件判断切换指令

如图 6-8 所示，在流程指令区中新增一个切换指令，将它放置到循环内，并且将判断条件设置为触动传感器。此时切换指令判断的依据就是触动传感器的开关是否被按下。如果开关被按下，则会执行上面「√」中的程序；反之，如果开关未被按下，则执行下面「X」中的程序。

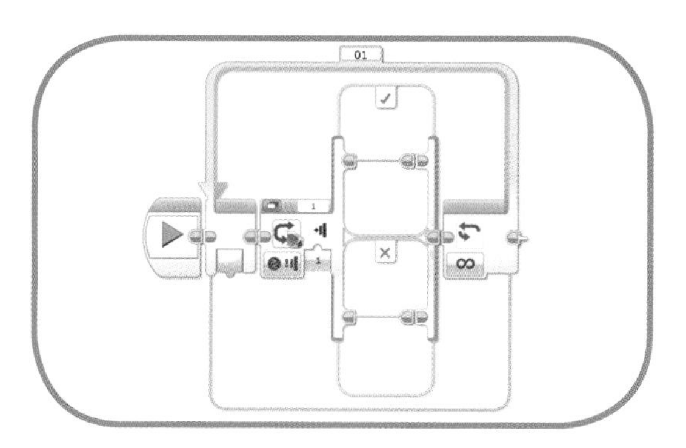

图 6-8　在循环中放入一个触动传感器的切换指令

步骤 3：机器人转向

当机器人遇到前方障碍物时，由于机器人与障碍物之间存在速度差，因此触动传感器的触动开关就会被障碍物压下，此时程序会执行切换指令上方「√」中的程序。请在这里新增一个方向盘式移动指令，设定功率值为 -50，并旋转一圈；再新增另一个移动转向指令，并设定舵向值为 50（见图 6-9）。这段程序的效果是，当机器人撞到障碍物时，会先后退一点，然后再转向 90°，我们预测这样的行动能够避开障碍物。

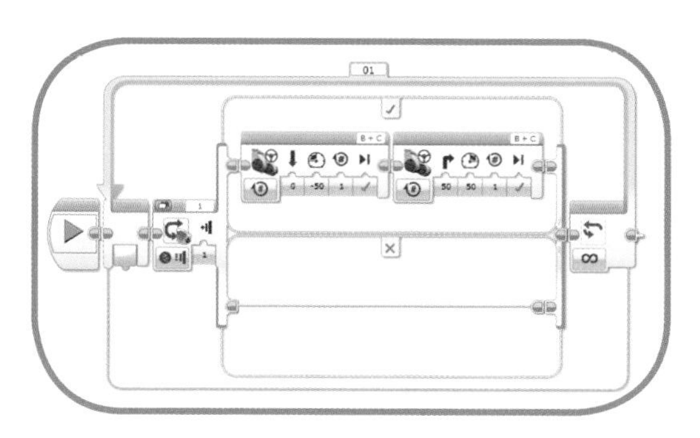

图 6-9　机器人转向

步骤 4：机器人直行

在机器人没有侦测到障碍物时，程序会执行切换指令下方「X」中的程序。在「X」中的指令为的是让机器人持续直行（见图 6-10），因此这里我们放入一个移动转向指令，并将参数设置为直行（On），这样机器人就会不断直行，直到触动传感器的触动开关被压下，才会跳至切换指令上方的程序指令。

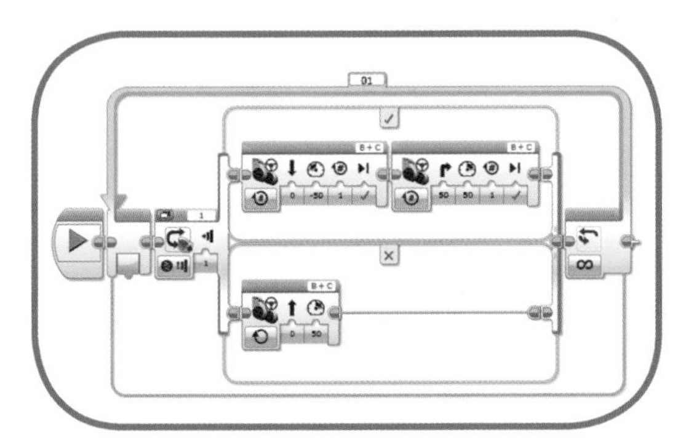

图 6-10　机器人直行

程序设计完成后，就可以让机器人进行测试了。我们需要确定触动传感器是否可以顺利触碰到墙面，以便让机器人可以顺利完成 90° 转向。除此之外，我们还需要反复调整机器人的组装方式以及各种参数，如电机转动的秒数或圈数，从而能够让机器人行进得更加顺畅。

6-4　迷宫机器人——使用超声波传感器

6-4-1　结构

在应用触动传感器来搭建迷宫机器人之后，接下来我们将介绍，如何使用超声波传感器来完成迷宫机器人。在组装时，你可以将超声波传感器安置在机器人的最前方（见图 6-11）。请注意，机器人的其他组件不要遮挡住超声波传感器的感知范围。以本范例来说，由于机器人要探测来自前方的障碍物，所以超声波传感器的指向与机器人行进的方向是相同的。而在后面的第 11 章中，我们将会让超声波传感器朝向机器人的侧面，从而能够探测路边的垃圾。

图 6-11　迷宫机器人——搭载超声波传感器的版本

6-4-2　超声波传感器指令

超声波传感器指令可以从超声波传感器中读取返回的数值。你可以用它来测量到达某个物体的距离，单位可以是英寸或厘米；你也可以将探测结果与自定义数值进行比较，并获得一个逻辑的输出值；当然你也可以将其调整至聆听（Listen Only）模式，让超声波传感器可以感知其他的超声波信号。

超声波传感器的模式

超声波传感器共有两种模式：测量（Measure）模式、比较（Compare）模式，接下来将依次说明。

测量模式

◎测量距离模式（厘米）

在这种模式下，超声波传感器所探测到的数值以厘米（cm）为单位输出（见图 6-12）。

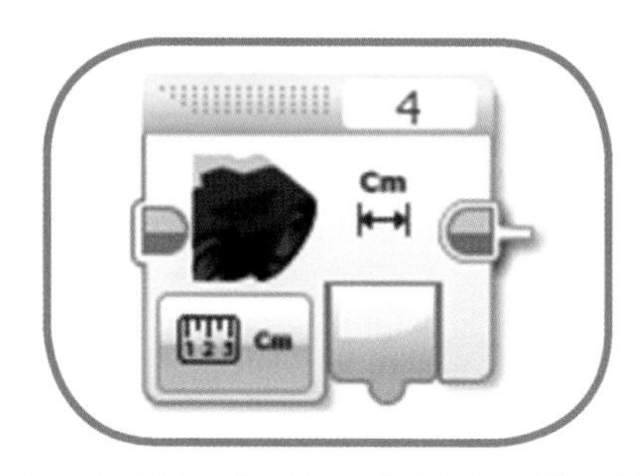

图 6-12　超声波传感器指令下的测量距离模式（厘米）

范例 3：倒车雷达

〈EX6-3. ev3〉

下面我们用超声波传感器来做一个倒车雷达（见图 6-13）。EV3 主机会根据障碍物的远近来决定发音频率由低到高（见图 6-14），在此我们设定，当距离为 50cm 时，发出 200Hz 频率的声波；当距离为 5cm 时，则发出 2000Hz 频率的声波。因此可以得出，距离与频率的方程式为：频率 = −40 × 距离 (cm) + 2200。你也可以自由调整这些参数来达到所需的效果。

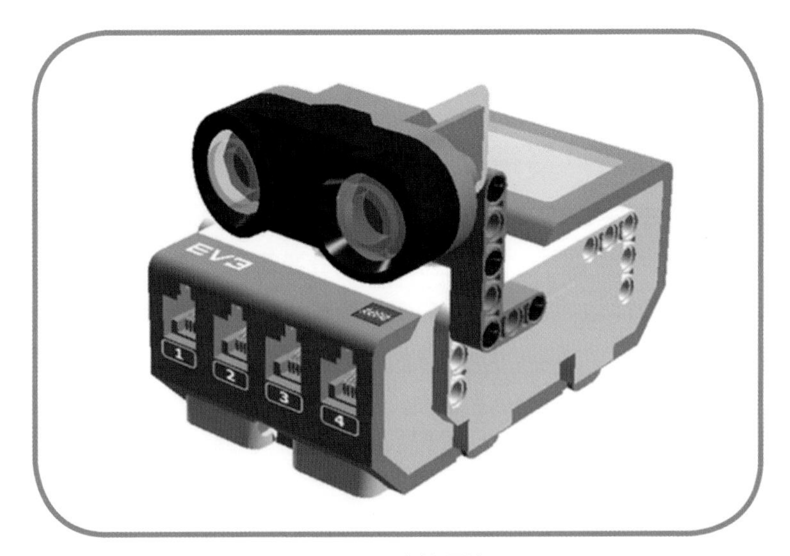

图 6-13 倒车雷达

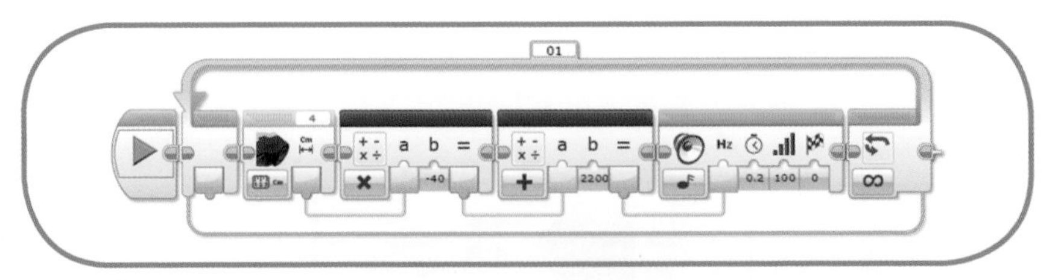

图 6-14 倒车雷达的声音随着距离障碍物的距离减小，声音频率逐渐提高

◎测量距离模式（英寸）

在这种模式下，超声波传感器所侦测到的数值以英寸为单位输出（见图 6-15）。

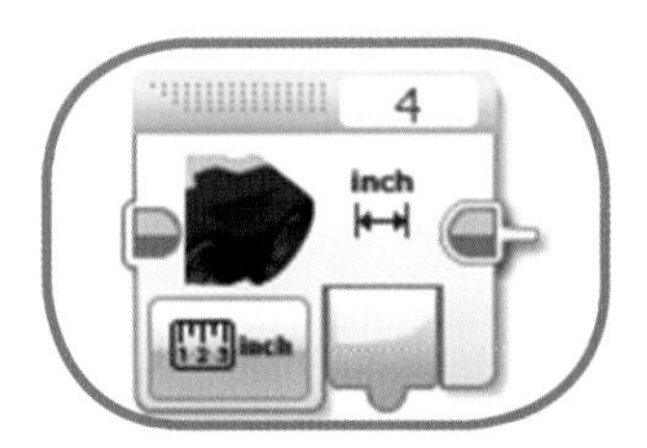

图 6-15　超声波传感器指令下的测量距离模式（英寸）

◎测量距离模式（有无信号）

聆听（Listen only）模式可以让超声波传感器探测周围是否有超声波信号，如果确实探测到信号，则会输出逻辑值为真（True）；反之，若探测不到信号，则输出逻辑值为假（False）。注意，逻辑值输出输入图标为尖头，与数值输入输出的圆头图标不同（见图 6-16）。

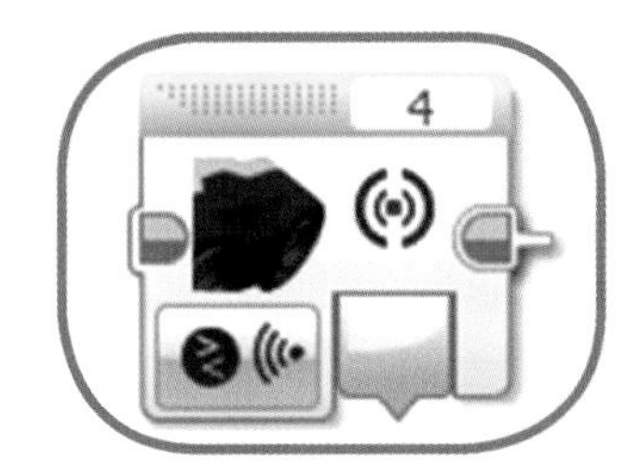

图 6-16　超声波传感器指令下的测量距离模式（有无信号）

◎高级模式（厘米）

如图 6-17 所示，该模式与测量距离模式（厘米）有些类似，但是增加了一个新功能，就是可以让编程者选择单次发送或是连续发送超声波信号。

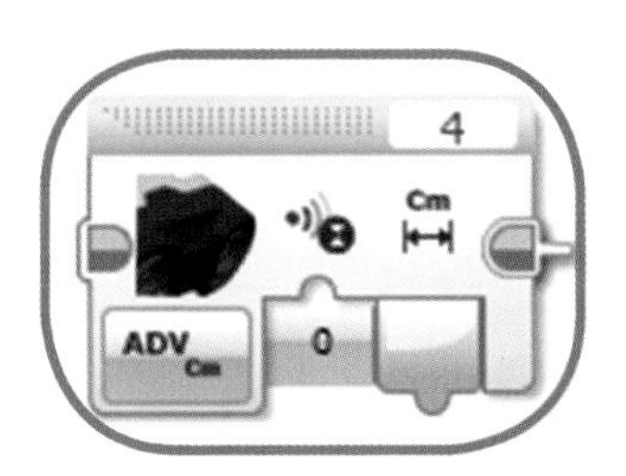

图 6-17　超声波传感器指令下的高级模式（厘米）

◎高级模式（英寸）

如图 6-18 所示，这个模式与高级模式的厘米模式相同，差别只在于量测的单位为英寸。

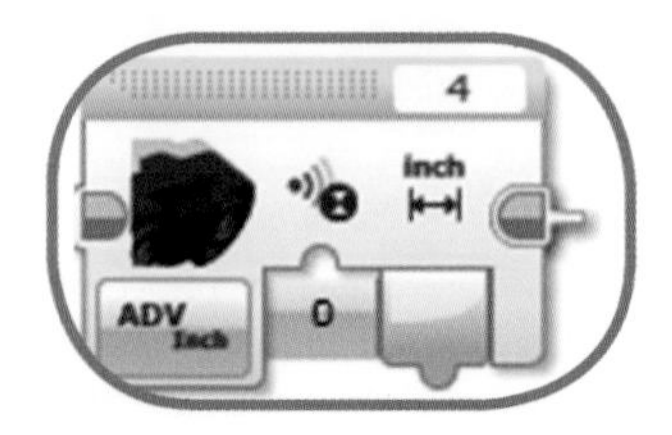

图 6-18　超声波传感器指令下的高级模式（英寸）

比较模式

◎比较距离模式（厘米）

如图 6-19 所示，在该模式下，我们可以将测量数值与自己输入的距离数值（厘米）进行比较，然后输出比较结果的逻辑值，以及测量到的数值（厘米）。

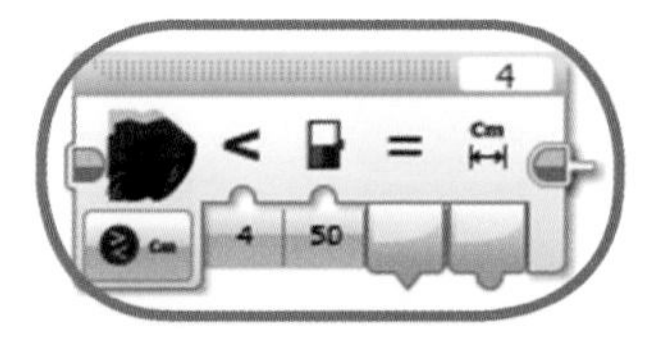

图 6-19　超声波传感器指令下的比较模式（厘米）

◎比较距离模式（英寸）

如图 6-20 所示，在此模式下，我们可以将测量数值与自己输入的距离数值（英寸）进行比较，然后输出比较结果的逻辑值，以及测量到的数值（英寸）。

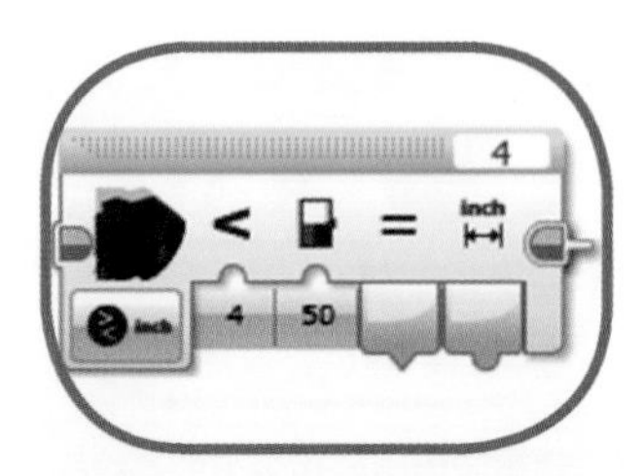

图 6-20　超声波传感器指令下的比较模式（英寸）

请注意，在测量距离模式（英寸、厘米）中，超声波传感器都被设置为连续发送超声波信号。

6-4-3　程序介绍

〈maze_ultra. ev3〉

这里介绍的依旧是迷宫机器人，不过本节所介绍的机器人将通过超声波传感器来探测墙面。应用超声波传感器与应用触动传感器的机器人，在执行走迷宫任务中最大的差异在于：机器人是否需要触碰到墙面后才进行转向。应用这两种传感器的机器人各有优缺点，你可以依照实际情况进行选择。

步骤 1：重复执行循环

机器人并不知道何时会碰到墙壁，所以不管是直行指令，或是超声波传感器探测前方墙壁的指令，都必须不断地重复执行（见图 6-21）。因此，请在流程（Flow）指令区中创建一个 Loop 循环，并将循环的结束条件设置为无限循环（Unlimited）。

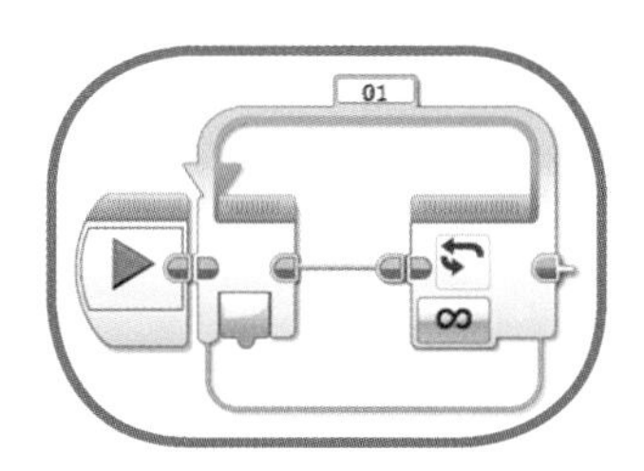

图 6-21　重复执行循环

步骤 2：新增切换指令

如图 6-22 所示，从流程指令区新增一个切换指令，将其放置到循环内，并将判断条件设置为超声波传感器（Ultrasonic Sensor >> Compare >> Distance Centimeters），此时切换指令条件为用超声波传感器的读数比较距离，单位为厘米。接下来，我们将判断条件设定为「<」（小于），距离为 50cm。这样一来，当前方墙壁或障碍物与机器人之间的距离小于 50cm 时，机器人就会执行切换指令（Switch）上方「√」中的内容，反之则执行程序下方「X」中的内容。当然，你也可以将判断条件改设为「>」（大于），但如此一来，当前方墙壁距离小于 50cm 时，程序就会执行切换指令下方「X」

而不是上方「√」中的内容，这里请一定注意，程序的逻辑不要弄错。

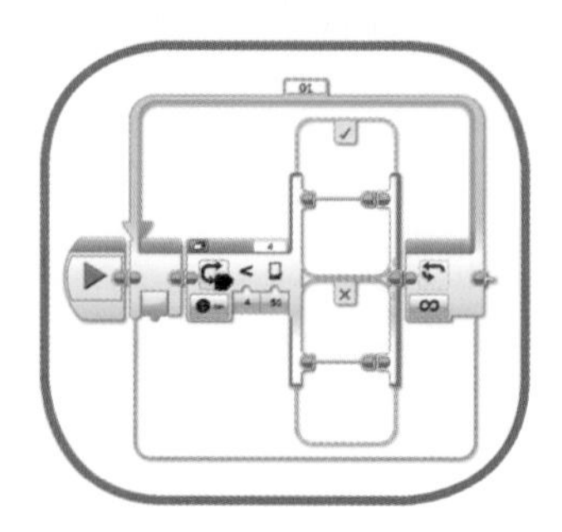

图 6-22　将切换指令放入循环中

步骤 3：机器人转向

当机器人探测到前方有障碍物时，就需要通过转弯来闪避。因此，如图 6-23 所示，我们需要在切换指令上方「√」中放入一个移动转向指令，设定功率值为 -50，并旋转一圈；再新增另一个大型电机指令，设置参数以角度为单位（On for Degree）；最后再将我们所要转的角度设置为 196°，以上这些设置代表，机器人在探测到距离前方墙壁小于 50cm 时，会先向后驱动电机使得机器人减速，然后再转弯以避开前方墙壁，从而转向正确道路。请注意，在实际运行时，你需要根据场地的实际情况，以及机器人的结构组成来适当调整以上参数，不一定是 196°，或者 50cm 就刚好符合你的需求。

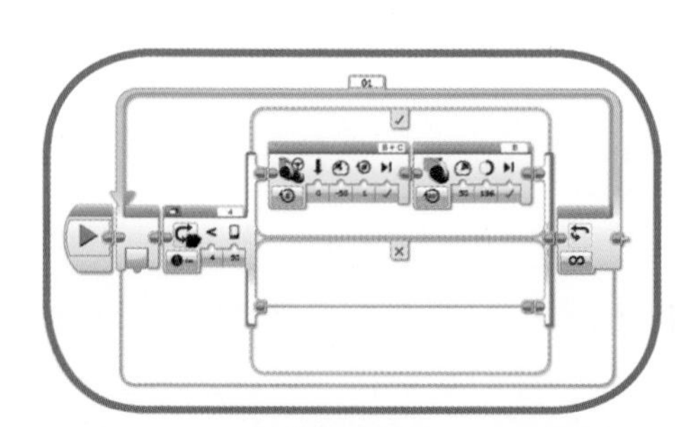

图 6-23　前方有障碍物时，机器人转向

步骤 4：机器人前进

当机器人没有探测到障碍物时，程序会执行切换指令下方「X」中的程序，从而让机器人持续前进。因此，请在下方放入一个移动转向指令，并将

行为设置为直行（On）。如此一来，只要超声波传感器在前方 50cm 之内没有探测到障碍物，机器人就会勇往直前（见图 6-24）。

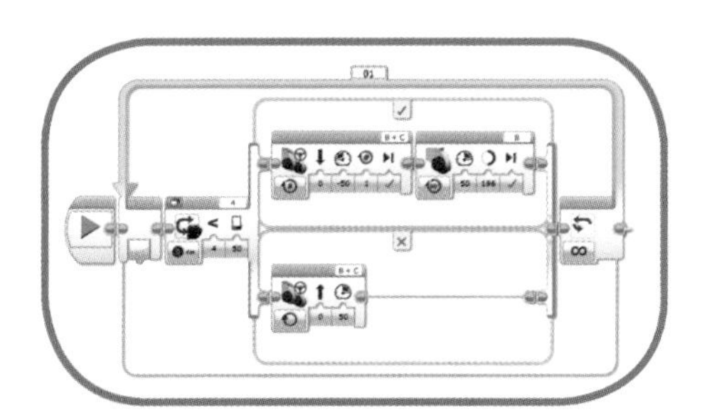

图 6-24 当前方没有障碍物时，机器人直走

使用超声波传感器，可以让机器人在撞到墙壁前就能够做出反应，不必先倒退再转向，如此一来就可以节省许多时间，也可以避免机器人撞墙而发生解体事故。但是，如何能够顺利转向而又不会撞到左右两边的墙壁呢，这就需要各位读者仔细地调整机器人结构以及相应程序了。

6-5 小结

在本章中，我们分别介绍了如何使用触动传感器超声波传感器来制作迷宫机器人。这两者的最大不同点在于“是否会与障碍物发生接触”，因而在后续的结构设计与程序调试上也会有所不同。我们使用循环指令配合切换指令的设计，就可以让机器人自行判断某些条件是否满足，从而决定如何执行相应的动作。这个设计非常重要，因为它是机器人的基础行为模式，在未来的设计中你会经常用到这样的架构。

6-6 延伸挑战

1.（ ）切换指令只会执行符合条件的指令。
2.（ ）循环指令除了无限执行之外，就没有其他的执行条件了。
3. 简单叙述循环指令的功用。
4. 试着比较切换指令与等候指令二者之间的差别。
5. 请在之前的触动传感器迷宫机器人基础上，再加装一个触动传感器，让两个触动传感器分别位于机器人的左前方与右前方，如图 6-25 所示。并且让机器人能够顺利走出迷宫（提示：左侧触动传感器撞到障碍物时，先后退一点点再右转，待修正方向后再前进；右侧则是相反的动作，最后反复执行）。

图 6-25　双触动传感器迷宫机器人

6.（　）请修改超声波迷宫机器人，让机器人能根据超声波传感器持续执行以下 3 个动作。

A. 前方 15cm 之内有障碍物时，马上停止并后退少许后转弯。

B. 前方 15~40cm 之内有障碍物时，机器人向左或向右小幅度修正以避过障碍物。

C. 40cm 之内都无障碍物时，机器人前进。

第 7 章

“看门狗”机器人

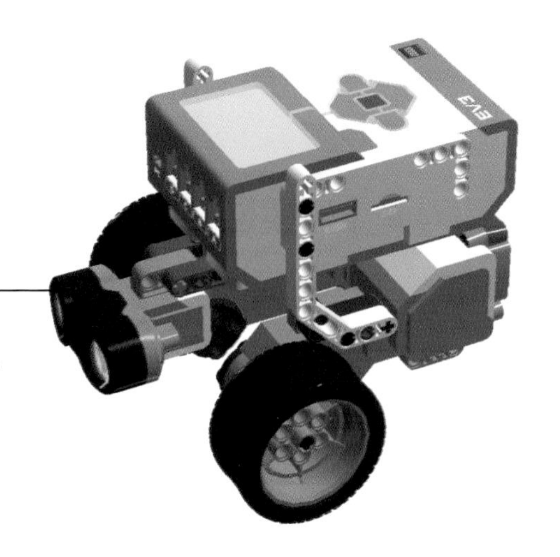

7-1 学习目标

本章的机器人在运行时能够自动前进，当（利用超声波传感器）探测到快递员时会停下来。本章前半段会先向大家介绍一个简单的“看门狗”范例，以此来说明超声波传感器在机器人中的使用方法，在后半段，我们会制作一台“追快递员的狗”来深入研究传感器的应用。

7-2 “看门狗”机器人简介

首先，我们通过“看门狗”机器人的程序，来说明超声波传感器结合切换指令的使用方式。“看门狗”机器人的动作模式为，机器人在静止状态下探测指定范围内有无物体出现，若在指定距离探测到物体，便会发出警告声响。

7-2-1 结构

本范例使用的是一般的双电机机器人结构，在此基础上加装一个朝前方的超声波传感器，请参考本书附录来完成组装，具体如图 7-1 所示。除此之外，你也可发挥想象力自行设计一部专属机器人。

图 7-1 “看门狗”机器人车体机构

7-2-2 程序介绍

〈Watchdog.ev3〉

步骤 1

首先，我们在流程指令区中新建一个切换指令，切换条件循环选用超声波模式，将条件循环设置为比较模式，比较值设置为小于 200 厘米。接下来，我们在切换指令的「√」区域放置一个播放（Sound）指令，声音文件名选用“Horn1”，音量为 100，并将其设定为持续播放；而「X」区域则不放置任何指令（见图 7-2a）。

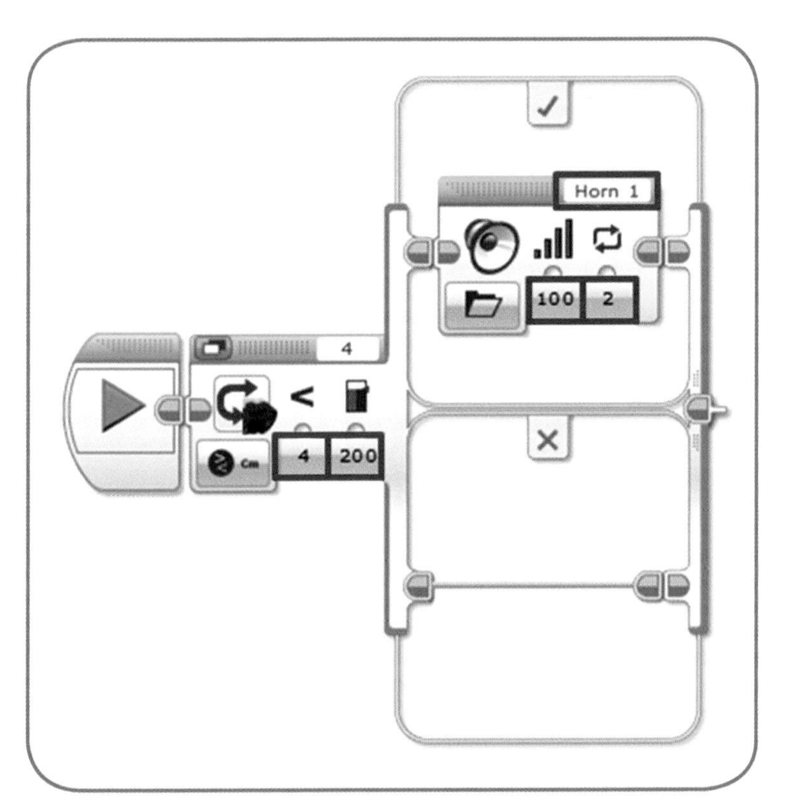

图 7-2a “看门狗”机器人程序条件循环

步骤 2

由于程序读取需要一段时间，所以我们在条件循环指令后面新增一个等候指令，将等待时间设置为 1s，最后再将它们套用到无限循环指令中，完成后的程序效果如图 7-2b 所示。

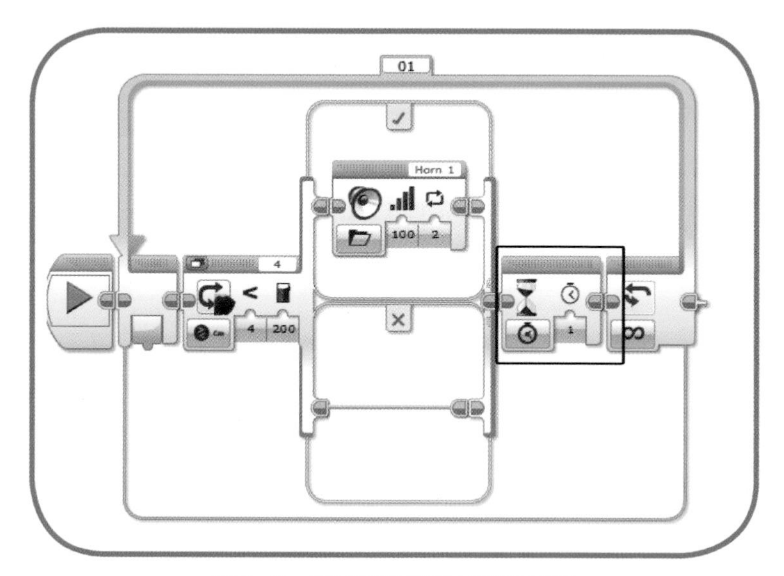

图 7-2b “看门狗”机器人程序完成图

7-3 “追快递员的狗”机器人

“追快递员的狗”机器人其实是上一个范例“看门狗”机器人的高级模式，它使用切换指令的超声波模式，来判断是否探测到了“快递员”(障碍物)。机器人会朝着“快递员”的方向直线冲刺，直到与“快递员”的距离小于 20cm 时停下，并发出“Dog bark1”音效表示探测到了“快递员”。下面我们来详细介绍一下该机器人的相关内容，请大家依照下列步骤完成程序，或从本书的官方网站来下载程序文件、机构图文件以及其他信息。

7-3-1 结构

如图 7-3 所示，本范例的机器人结构与上一个范例“看门狗”机器人相同，你也可自行设计一台专属的机器人。

图 7-3 “追快递员的狗”机器人结构

7-3-2 程序介绍

〈Ultrasound2.ev3〉

步骤 1

我们新增一个切换指令，将条件设置为超声波传感器，距离小于 20cm。接下来，在该切换指令结构的「√」区域放置一个方向盘式移动指令，并设定为 Off。然后，在其后方新增加一个播放音效（Sound）指令，声音文件选用“Dog bark1”，音量设为 100，再将播放模式设置为持续播放（见图 7-4a）。

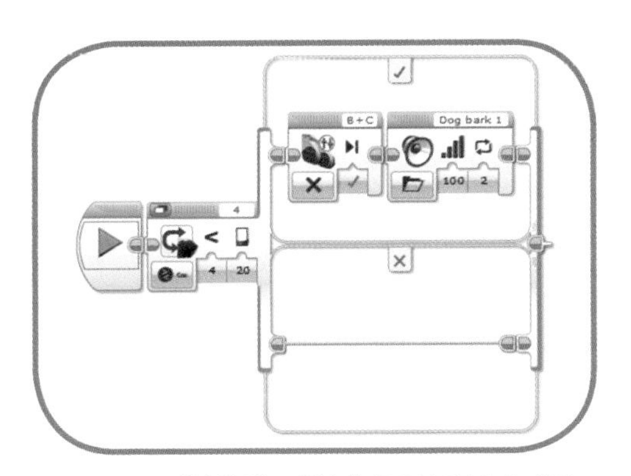

图 7-4a “追快递员的狗”机器人程序完成图

步骤 2

我们在「X」区域里放置一个移动转向指令，BC 电机速度设置为 50，并且行进模式选用持续前进（见图 7-4b）。

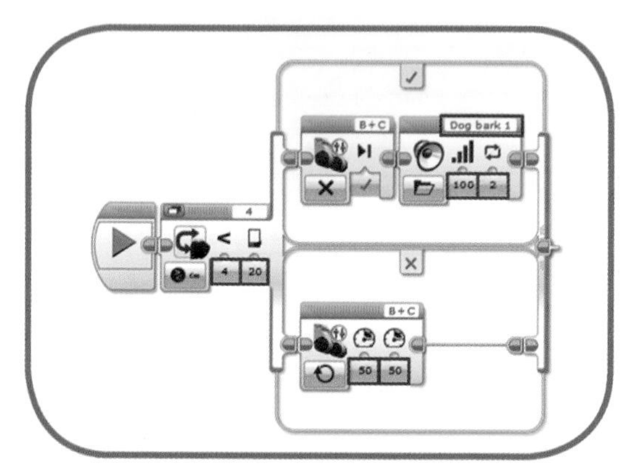

图 7-4b “追快递员的狗”机器人条件循环

步骤 3

最后，我们在切换指令后方新增一个延迟时间，并将整段程序套用到无限循环指令当中，完成后的程序效果如图 7-4c 所示。

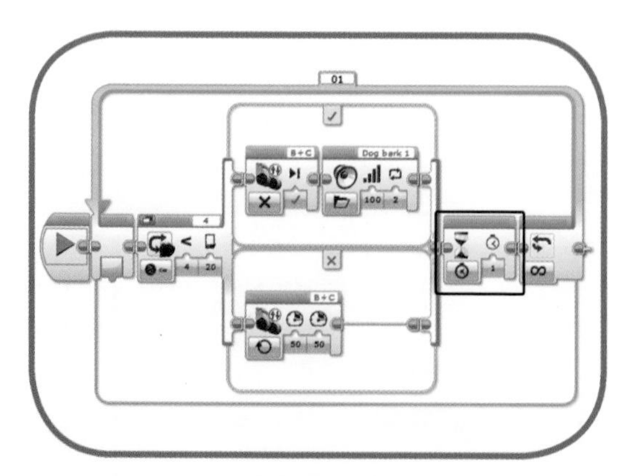

图 7-4c “追快递员的狗”机器人程序完成图

7-4 小结

在本章中，我们介绍了如何运用超声波传感器来探测，甚至追踪物体。

超声波传感器是一种非接触式的测距装置，它会将一定频率的超声波发射出去，并在超声波碰到物体后反射回来并接收，同时传感器会记录超声波发出和接收的时间，通过计算时间差来探测前方物体距离。另外，我们也介绍了如何使用播放音效（Sound）指令让机器人发出各种声响；除了指定频率与音符之外，我们可以播放 EV3 主机内预置的声音文件，也可以播放自定义音频文件。除了 EV3 软件中预置的声音文件夹里的内容（Sound File）外，你还可以尝试导入其他的声音文件或使用自己的录音文档。

7-5 延伸挑战

1. （　）超声波传感器的单位可以切换成公制或是英制。
2. （　）在我们编写程序的过程中，声音文件后面一定要接一个时间（Timer）指令。
3. 试想，在本章的范例中，如果我们把程序中的时间指令拿掉会发生什么事呢？
4. 尝试列举可能会影响超声波传感器探测的因素都有哪些？
5. 请将本章的“看门狗”机器人程序，修改为一只“被猫追赶的机器老鼠”，当“猫”（就是你！）追到一定距离之内的时候，“机器老鼠”便开始奔跑，与猫的距离超出安全距离后，“机器老鼠”便可以停下来休息。
6. 请将本章的“追快递员的狗”机器人程序，修改为一只“与主人形影不离的宠物狗”，当主人停下时便停下，当主人前进时就前进，并且一直跟主人保持一段固定距离。

第 8 章

颜色钢琴机器人

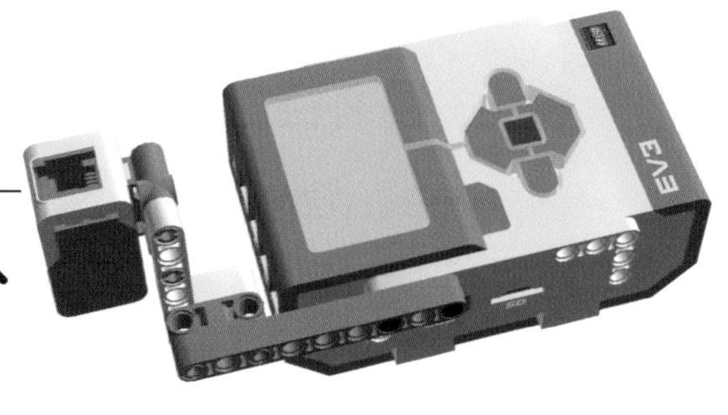

8-1 学习目标

本章我们将要介绍的颜色钢琴机器人，可以自行判断传感器识别出的颜色并做出相应动作。例如，当颜色钢琴机器人识别出某个颜色时，它会发出与该颜色对应的声音。在介绍了颜色钢琴机器人之后，我们会继续介绍如何制作一台色卡遥控机器人，该机器人可以根据不同颜色的卡片来执行不同的动作。

8-2 颜色钢琴机器人

当颜色钢琴机器人在行进间识别出颜色时，就会发出相对应的音符，我们可以通过不同的颜色让机器人演奏出各种美妙的旋律。

8-2-1 结构

颜色钢琴机器人的核心是在 EV3 主机上加装一个朝下的颜色传感器。请参考图 8-1，你也可发挥想象力，自行设计一台专属于自己的机器人。

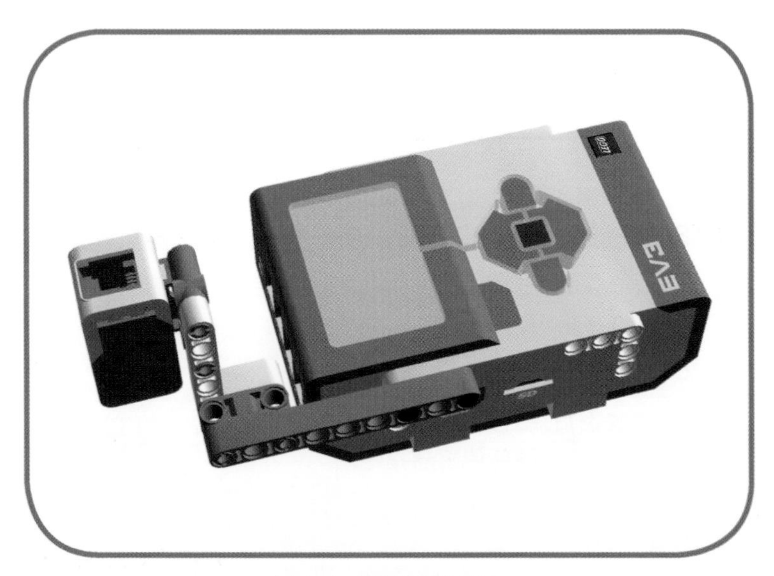

图 8-1 颜色钢琴机器人

8-2-2　程序介绍

〈Color Piano.ev3〉

颜色钢琴程序动作为：识别出黑、蓝、绿、黄、红、白、棕色其中任意一种颜色时，会播放相应的音符。你可以参考表 8-1，将颜色及音符代号进行一一对应。

表 8-1　颜色与音符对照表

颜色	声音指令代号	音符
黑	C4	Do
蓝	D4	Re
绿	E4	Mi
黄	F4	Fa
红	G4	Sol
白	A4	La
棕	B4	Si

步骤 1

在流程指令区内新建一个切换指令，将判断条件设置为颜色传感器，把所有颜色的切换指令都新增出来，共 7 种。为了节省画面空间，我们将切换指令变为卷标视图。请注意，“没有探测到颜色”的状态并不算是一种色彩，因此不用增加它的条件内容。完成后的效果如图 8-2a 所示。

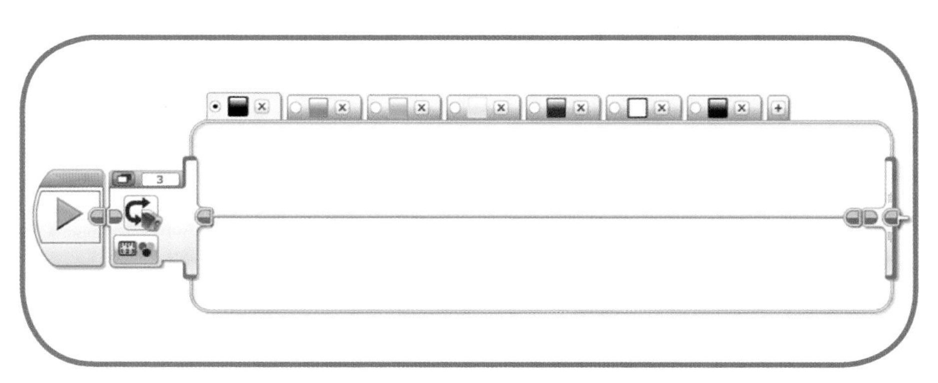

图 8-2a　新增包含所有颜色状况的切换指令

步骤 2

接下来，我们在每个颜色切换指令中都放入一个播放音效指令，并依照表 8-1 来选择对应的声音文件（见图 8-2b）。

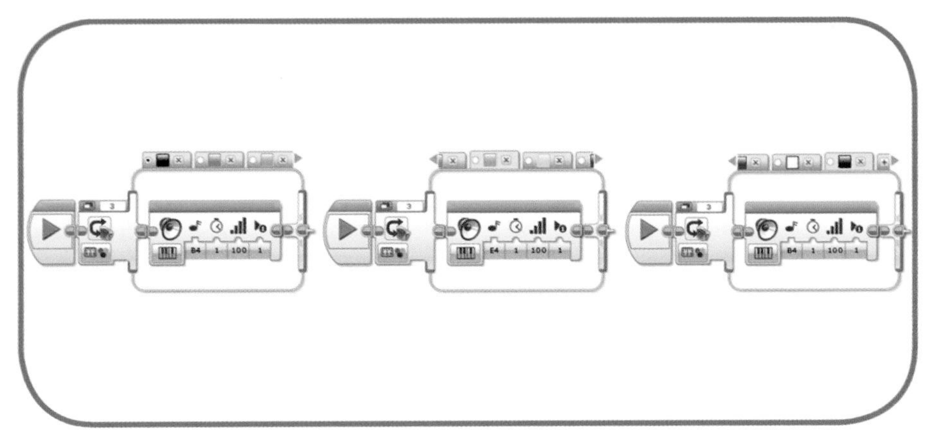

图 8-2b　依照颜色来指定播放音效指令播放内容

步骤 3

最后，我们将整个切换指令套用到一个无穷循环中，整个程序就完成了（见图 8-2c）。

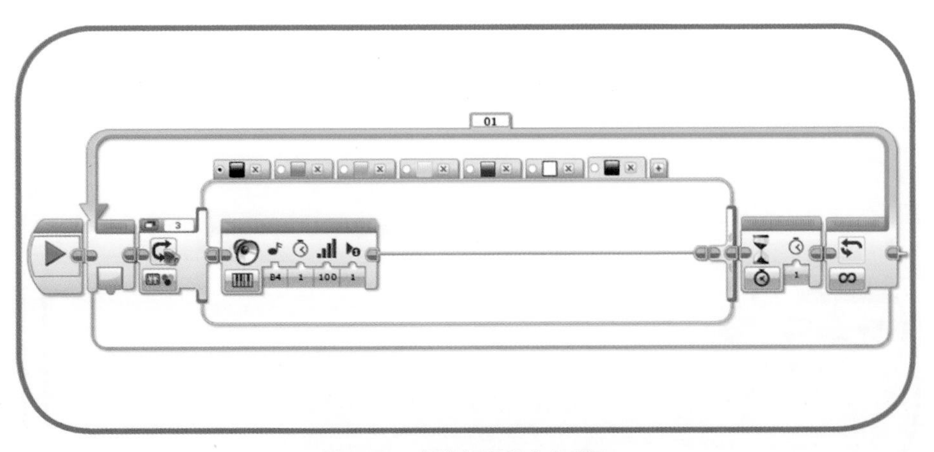

图 8-2c　颜色钢琴程序完成图

8-3 色卡遥控机器人

我们先由一个简单的范例「色卡遥控机器人」来介绍颜色传感器的使用方式，本程序会让机器人识别出不同的颜色，并做出相应动作。具体介绍请看下面的说明。

8-3-1 结构

色卡遥控机器人可以双电机机器人为基础，并加装一个朝向前方的颜色传感器改造而成。具体外观请参考图 8-3，或者你可发挥想象力自行设计一台专属于自己的机器人。

图 8-3 色卡遥控机器人结构

8-3-2 颜色传感器指令

颜色传感器指令可以从颜色传感器中读取数据。你可以通过它来测量物体表面的颜色或反射光的强度（这就好像是 RCX 或者 NXT 的光传感器）。你也可以将传感器资料与某个数值进行比较（例如，传感器读数是否大于 50），并得到一个逻辑值的结果（见图 8-4）。

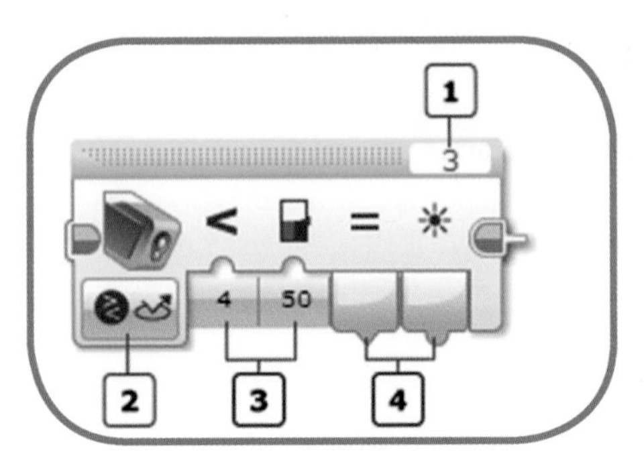

图 8-4 颜色传感器指令

颜色传感器共有 3 种模式：测量（Measure）、比较（Compare）以及校准（Calibrate），接下来我们将依次进行说明。

测量模式

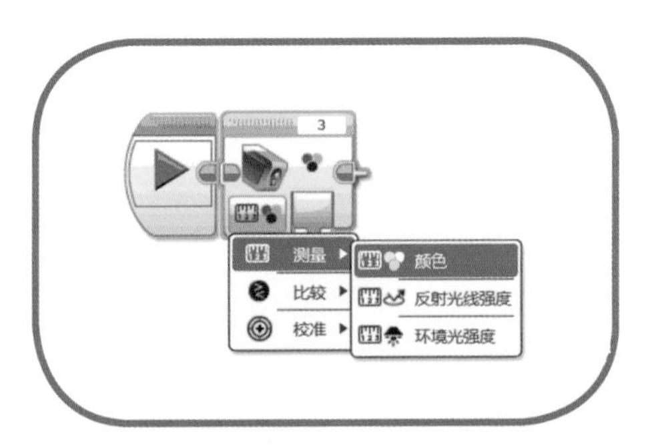

图 8-5 颜色传感器指令下的测量模式选项

◎测量颜色模式

如图 8-6 所示，在该模式下，输出值为传感器探测到的颜色数字代码。

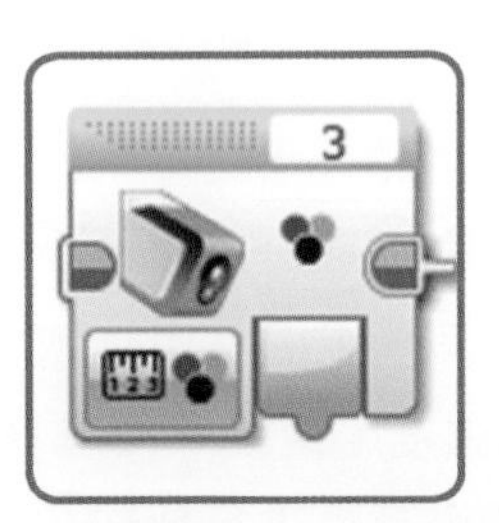

图 8-6 颜色传感器指令下的测量颜色模式

◎**测量反射光强度模式**

如图 8-7 所示，在该模式下，颜色传感器前端的 LED 会发光，从而增加物体表面与周围环境的光值差，在这里，两者的差距越大对我们越有利（但有时候反而效果不好，所以有可能要改用环境光模式），输出的值为反射光强度，以百分比呈现，0（光强度最低，接近黑色或者近乎无光线）~100%（光强度最高，代表白色或者发光光源）。

图 8-7　颜色传感器指令下的测量反射光强度模式

◎**测量环境光强度模式**

如图 8-8 所示，该模式的读数情况与测量反射光模式相同，而差别在于，该模式下颜色传感器前端的 LED 不会发亮。

图 8-8　颜色传感器指令下的测量环境光强度模式

比较模式

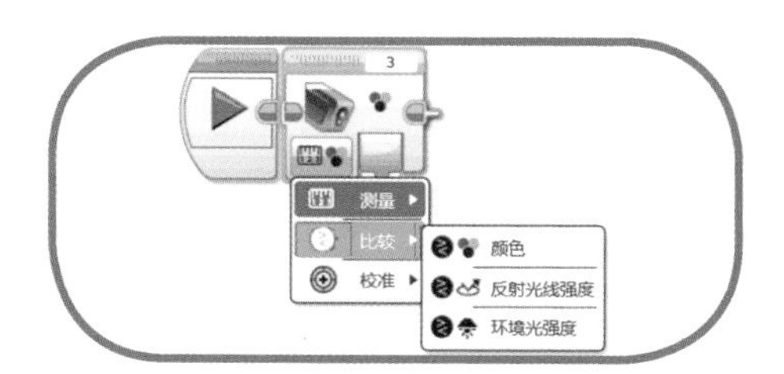

图 8-9　颜色传感器指令下的比较模式

◎**比较颜色模式**

如图 8-10 所示，在该模式下，颜色传感器将比较自身所测量到的颜色，是否等于我们所指定的某个颜色。输出值有两个，左边尖头的是比较后的逻辑判断结果（True 或 False），右边圆头的则是测量到的颜色数值。

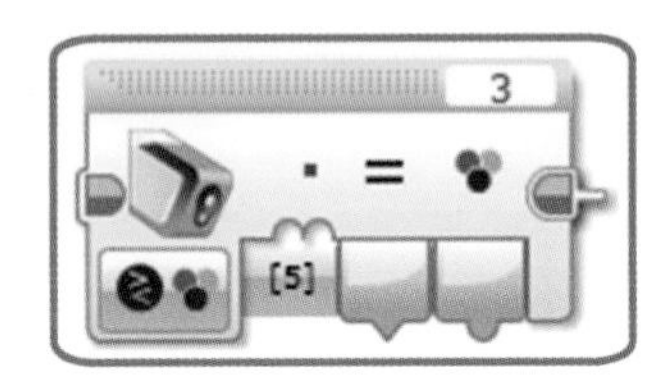

图 8-10　颜色传感器指令下的比较颜色模式

◎**比较反射光强度模式**

如图 8-11 所示，在该模式下，颜色传感器将比较自身所测量到的反射光强度，是否等于我们所指定的某个值。输出值有两个，左边尖头的是比较后的逻辑判断结果（True 或 False），右边圆头的则是测量到的光强度数值。

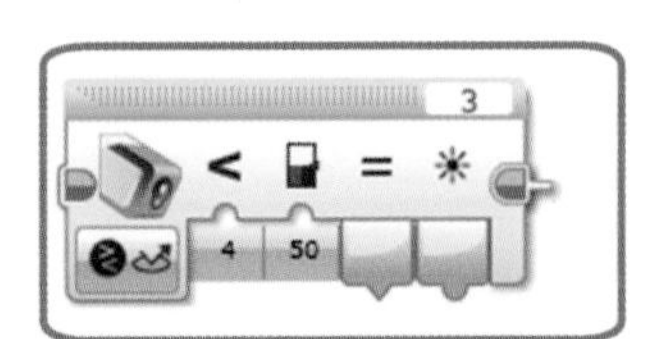

图 8-11　颜色传感器指令下的比较反射光强度模式

◎**比较环境光强度模式**

该模式与比较反射光强度模式基本相同，差别只在于该模式下颜色传感器前端的 LED 灯不会发亮。

校准模式

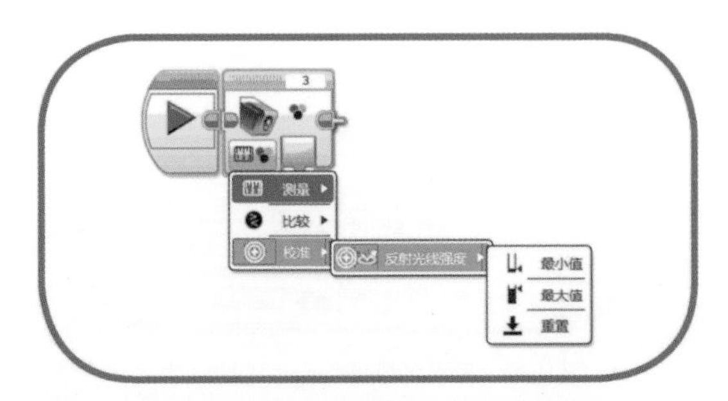

图 8-12　颜色传感器指令下的校准模式

◎校准反射光强度模式

在实际使用中，有时候我们需要根据实际使用的情况，对颜色传感器的上下限进行校正和调整。这时，我们就会用到这个模式。

在该模式中，你可以指定某个特定值（见图 8-13）为颜色传感器的最小值或者最大值，或是将颜色传感器重置（Reset）为出厂默认值（见图 8-14）。

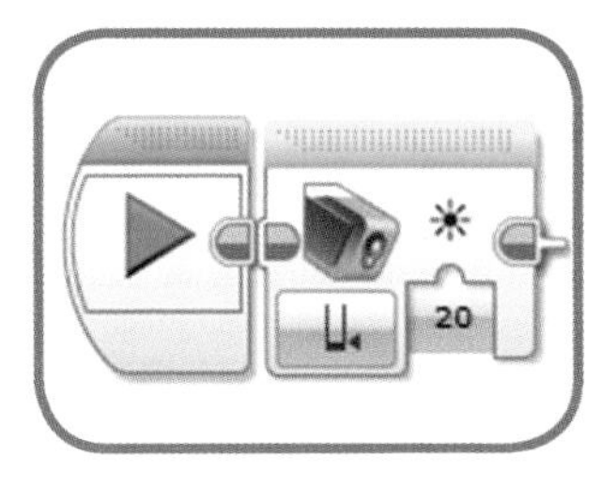

图 8-13　设定颜色传感器所探测到的数值为 20

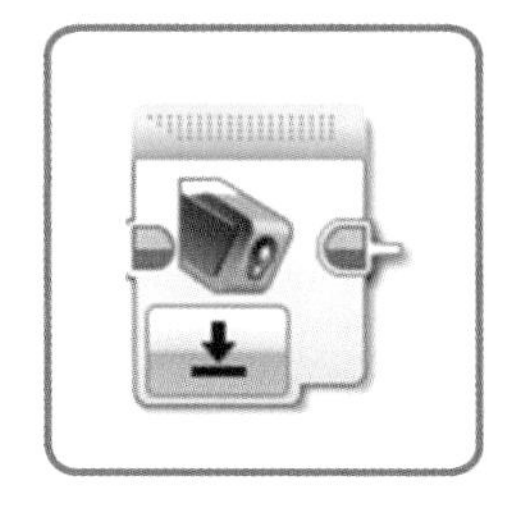

图 8-14　将颜色传感器重置为出厂默认值

8-3-3　程序介绍

〈Color Car.ev3〉

色卡遥控机器人的程序动作为，识别出绿、黄、红、蓝以及黑色这 5 种颜色时会返回相应的值，我们可以将每种颜色与一个动作进行配对，从而实现用颜色控制机器人的行动，你可以参考表 8-2，来配对颜色及动作。

表 8-2　颜色动作配对

颜色	动作
绿	直走
黄	慢速
红	停止
蓝	左转
黑	右转

步骤 1

我们在流程指令区中新增一个切换指令，设置其判断条件为颜色传感器（见图 8-15a），并增加绿、黄、红、蓝以及黑色，共 5 个切换指令。切换指令判断结构内的动作为，先显示出识别出的颜色，然后再执行动作。

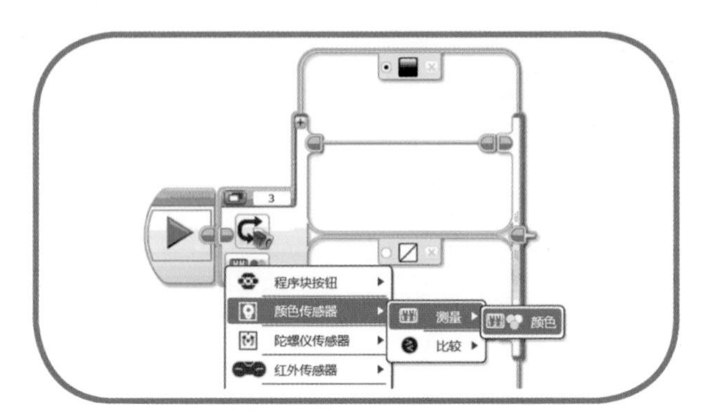

图 8-15a　新增切换指令并设置为颜色传感器

步骤 2

将切换指令的判断条件设置为颜色传感器之后，我们可以看到默认的切换指令只有两种：黑色或者没有探测到颜色。在这里，我们可以单击颜色图标来切换这一指令所代表的颜色，如图 8-15b 所示。

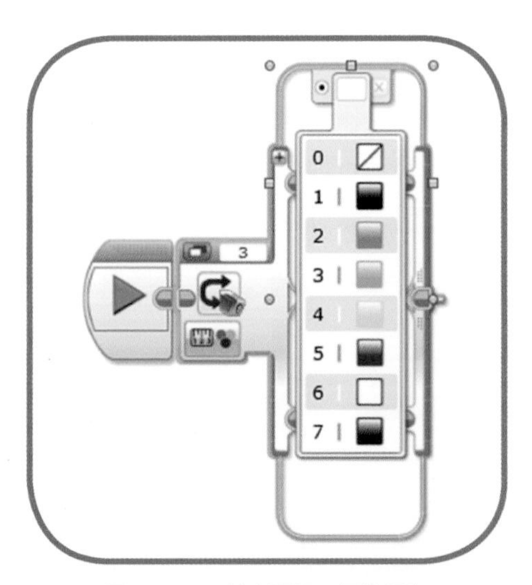

图 8-15b　单击图标，切换颜色

步骤 3

当我们想要新增切换指令的分支时，可以单击「+」号来新增更多的分支，如图 8-15c 所示。当分支越来越多时，切换指令的结构会因为变得巨大而不方便阅读。这时，请单击切换指令的左上角的小方块「切换到选项卡视图」将视图切换为标签模式（见图 8-15d），如此一来可以大幅节省画面所占的空间。

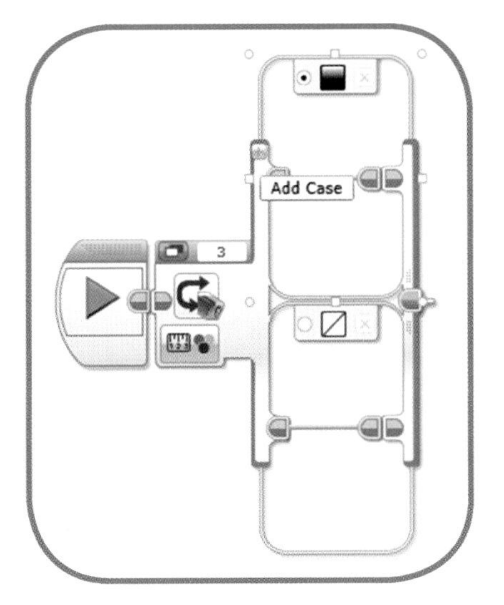

图 8-15c　新增更多分支

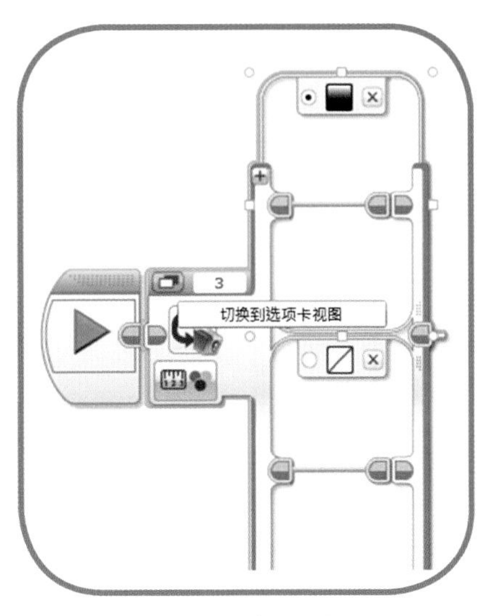

图 8-15d　切换为选项卡视图

步骤 4

请根据本范例的要求，新增绿、黄、红、蓝，以及黑色，共 5 个分支，每个分支中都会包含一个播放音效指令，以及一个移动转向指令。在这里，我们希望传感器识别出蓝色时，EV3 主机会发出「蓝色」的声音。为了实现这个效果，请单击播放音效指令右上角的白色方块，在菜单中找到 LEGO 声音文件 >> 颜色，在该选项下可以找到各种颜色对应的声音文件，这里我们选择（蓝色）Blue（见图 8-15e）。

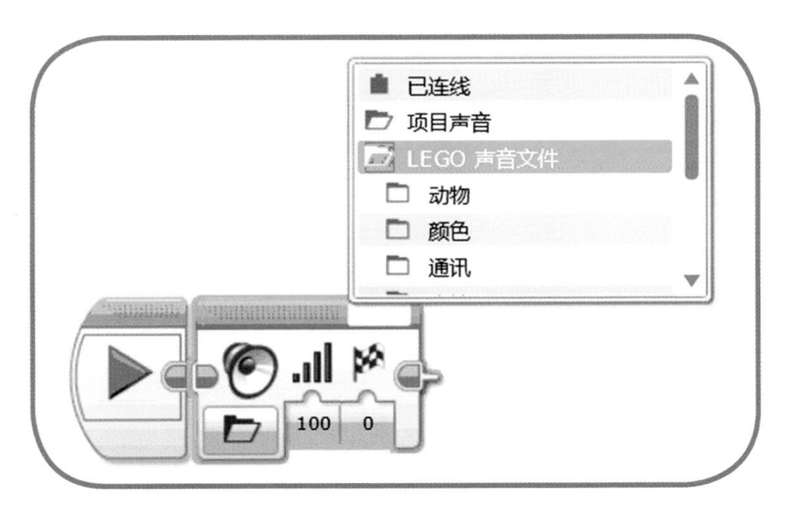

图 8-15e　在播放音效指令中选取 Blue 这个声音文件

步骤 5

接下来，我们根据表 8-2 来调整各切换指令中的播放音效指令，以及移动转向指令的参数。你可能需要根据实际情况来做出相应的调整，如图 8-15f 所示。

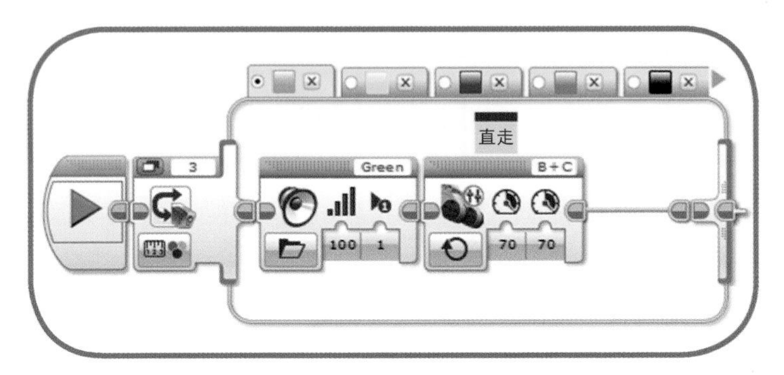

图 8-15f 调整各切换指令中的指令参数

步骤 6

最后，在切换指令后面增加延迟时间，并且将目前所有的程序指令都套用到一个无限循环当中去，完成后的效果如图 8-15g 所示。

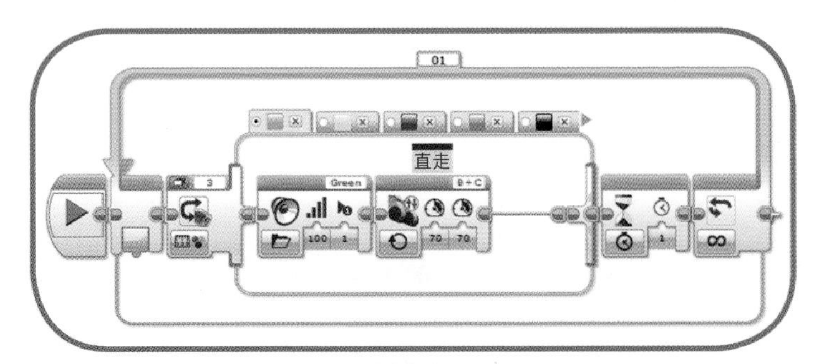

图 8-15g 色卡遥控机器人程序完成图

CAVEDU 说：使用颜色传感器时要注意什么？

在识别色卡时，最佳识别距离为 3~5cm，超出范围会产生误差，机器人可能会将红色识别为棕色，或者将蓝色识别为黑色。产生这种误差的原因是，传感距离变化所引发的判断失准，因此，请一定保证机器人每次识别色卡的距离都是相同的。

8-4　小结

恭喜你！通过本章的学习，你已经学会如何使用颜色传感器，并可以能够让机器人识别多种颜色。现在你可以开始挑战延伸挑战的题目了！

8-5　延伸挑战

学会了如何实现色卡遥控机器人以及颜色钢琴之后，让我们来试着利用本章的所学到的内容让机器人实现更多功能吧！

1. (　　) 在流程控制指令区可以找到声音指令吗？
2. (　　) 请问音符 Fa 是声音指令的哪个代号？

　　A. D4　　B. F4　　C. A4　　D. E4

3. (　　) 等候指令的等待选项只有时间吗？
4. 颜色传感器可以识别出哪几种颜色？
5. 颜色传感器在探测色卡时的最佳距离是多少？超过的话会发生什么事？
6. 请尝试搭配超声波传感器，制作一台可以将积木的大小及颜色进行分类的机器人。

第 9 章

循迹机器人

9-1 学习目标

本章的内容可以帮助你了解“循迹”的原理，循迹机器人使用了颜色传感器的光源侦测模式来探测位于白色场地中的黑色轨迹线，通过识别轨迹让机器人可以循线而行，这也是许多机器人竞赛中必备的项目。另外，我们也会向你介绍“状态机”的概念，这在机器人程序设计中是一个非常重要的概念。

9-2 循迹机器人

9-2-1 状态机

那么何谓状态机呢？我们说，存在有限数量的控制信号，系统能够根据这些不同的控制信号进行状态和动作的切换等行为，那么这套系统就被称为状态机。以第 6 章的迷宫机器人为例，可以得到表 9-1。

表 9-1 采用单一传感器的状态机架构

状态	传感器	结果
S1	未被按下	车子前进
S2	被按下	车子后退并转弯

注：传感器为触动传感器。

上面采用单一传感器的状态机架构，如果加入了第 2 个传感器会怎么样呢？我们以第 6 章延伸挑战中的双触动传感器机器人（见图 9-1）为例，可以得到表 9-2 的状态机结构。

表 9-2 采用双传感器的状态机结构

状态	传感器 1	传感器 2	结果
S1	按下	按下	车子停止
S2	按下	未按下	车子右转
S3	未按下	按下	车子左转
S4	未按下	未按下	车子前进

注：传感器 1 为左侧的触动传感器、传感器 2 为右侧的触动传感器。

图 9-1　双触动传感器机器人

9-2-2　结构

本章所使用的循迹机器人外结构搭建，请参考附录 A 的机器人结构设计，同时需要在前端加装一个传感方向朝下的颜色传感器，完成后的效果如图 9-2 所示。

图 9-2　使用单一颜色传感器的循迹机器人

在下面的章节中，我们将依次向大家介绍循迹机器人的「遇黑线停止」、「遇白线停止」与「循迹机器人」等工作方式，并使用状态机讨论结果。

9-2-3 遇黑线停止

现在，我们希望机器人遇到黑线时能够停止，但遇到其他颜色则仍保持直线前进。在这种情况下，机器人需要能够自动判断光线的亮暗。想要实现这个判断，就一定要有一个用于比较的基准值，通常该数值为该场地最亮处与最暗处的平均值。例如：目前场地中所能探测到的最亮数值为 66、最暗数值为 33，如此一来平均值即为 49.5。那么对于机器人来说，当探测数值小于 49.5 时就判断该处是暗的，反之就是亮的。依照这些我们可以列出状态机、架构见表 9-3。

表 9-3 根据光感值所产生的状态机架构（遇黑线停止）

状态	判断条件	结果
S1	光感值 <49.5	车子停止
S2	光感值 >49.5	车子前进

在了解传感器与车子之间的关系之后，我们可以依照表 9-3 来编写程序，步骤如下。

使用等候指令

步骤 1

在动作指令区内新建移动转向指令，将其设为 On（见图 9-3a）。

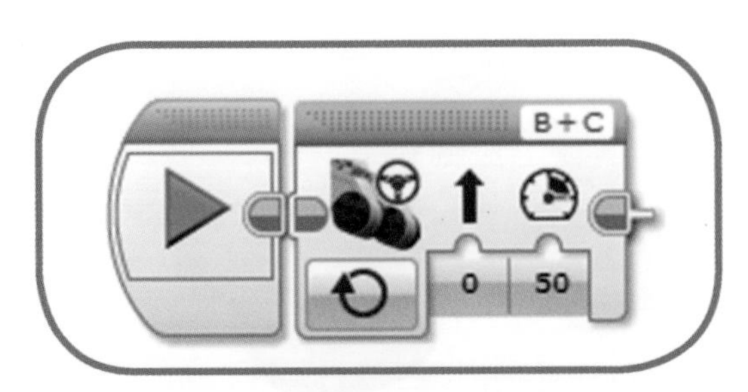

图 9-3a 将移动转向指令设成 On

步骤 2

在流程指令区内新建等候指令，将判断状态更改为“环境光强度”模式，判断数值为 49.5（见图 9-3b）。

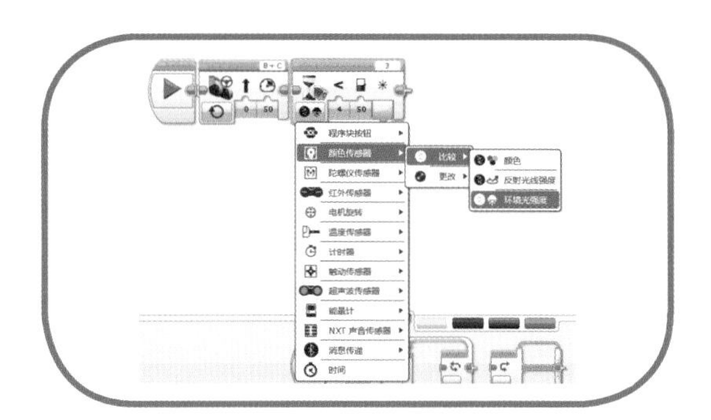

图 9-3b　选择“环境光强度”模式

步骤 3

接下来，再从动作指令区内新增移动转向指令，并将其设为 Off（见图 9-3c）。

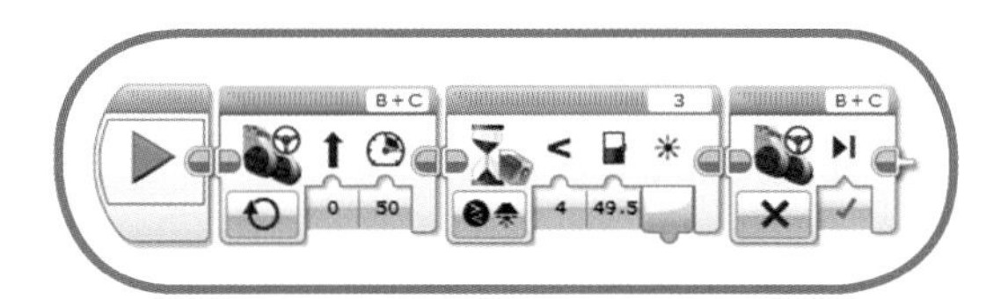

图 9-3c　将方向盘是转动指令设成 Off

步骤 4

将程序加载到 EV3 中并执行，看看机器人是否可在遇到黑线后自动停止。

程序执行后，将机器人放置到轨迹场地中，这时机器人应当会一直前进，直到颜色传感器遇见黑线为止。

使用切换指令

除了使用等候指令可以达到本程序的预期效果外，我们也可使用切换指令达成目标，步骤如下。

步骤 1

在流程指令区中建立一个循环（见图 9-3d）。

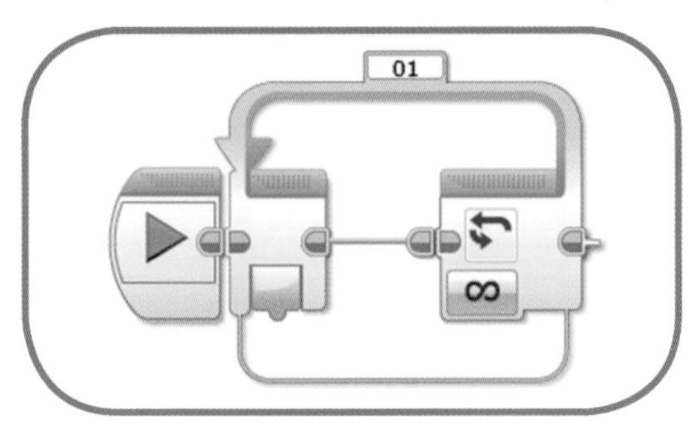

图 9-3d　建立循环

步骤 2

在流程指令区中建立切换指令（见图 9-3e）。

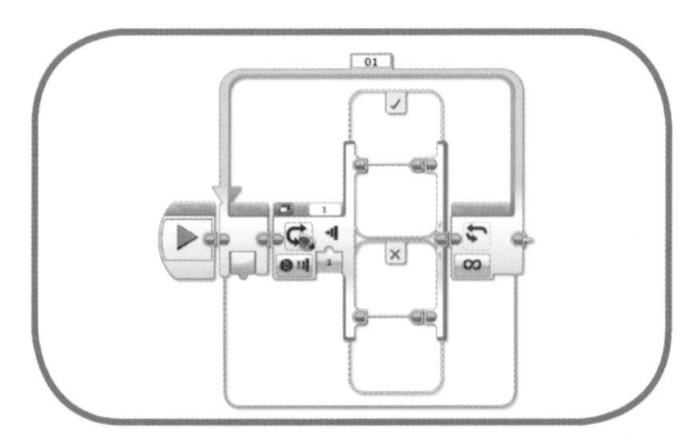

图 9-3e　建立切换指令

步骤 3

然后，将切换指令的判断条件设定为颜色传感器的“反射光强度”模式，判断值为 49.5（见图 9-3f）。

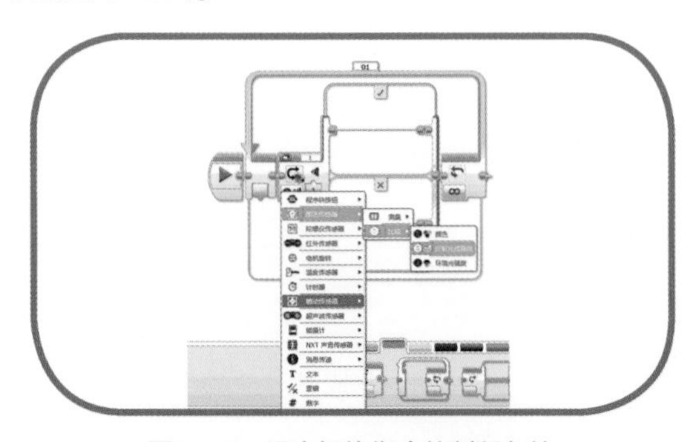

图 9-3f　设定切换指令的判断条件

步骤 4

在切换指令的上层放入移动转向指令，并将动作设定为 Off（见图 9-3g）。

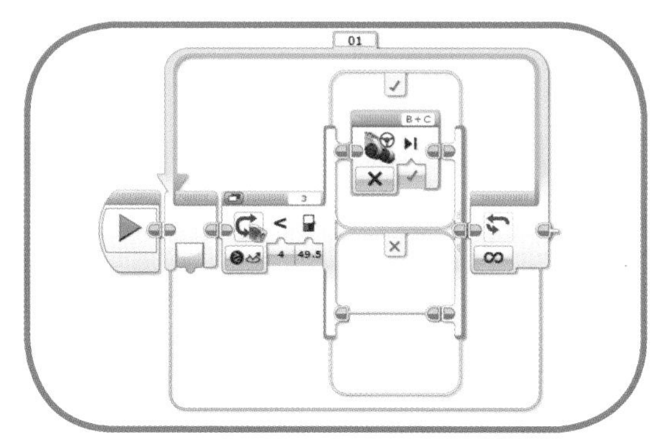

图 9-3g 设置「√」的移动转向指令

步骤 5

在切换指令的下层也放入移动转向指令，并将动作设定为 On（见图 9-3h）。

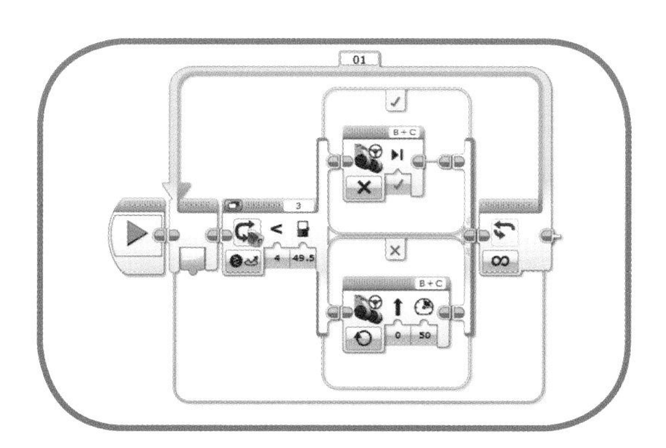

图 9-3h 设置「X」的移动转向指令

9-2-4 遇白线停止

这个程序的设计思路与 9-2-3「遇黑线停止」程序相同，我们首先要写出状态机架构（见表 9-4），了解传感器的信号以及机器人与这些信号值相对应的动作，然后再编写程序。

表 9-4　根据数值所产生判断条件的状态机架构（遇白线停止）

状态	光传感器数值	结果
S1	光感值 <49.5	车子前进
S2	光感值 >49.5	车子停止

步骤 1

在流程指令区中新建一个循环，设定为持续执行（见图 9-4a）。

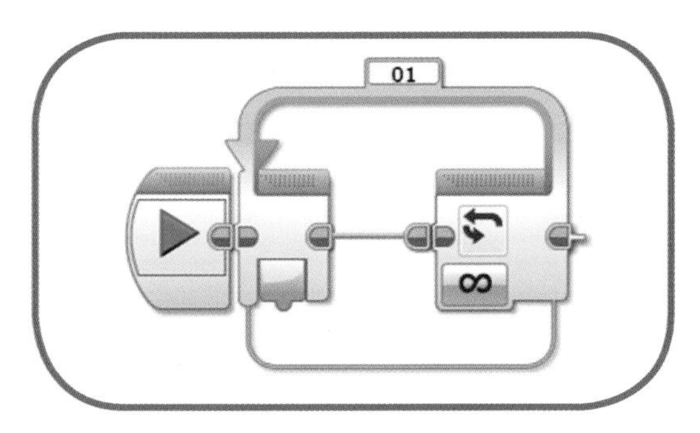

图 9-4a　新建无穷循环

步骤 2

在流程指令区中新建一个切换指令，并将判断条件设为颜色传感器的“反射光强度”模式，判断值设为 49.5（见图 9-4b）。接着将切换指令放到循环中（见图 9-4c）。

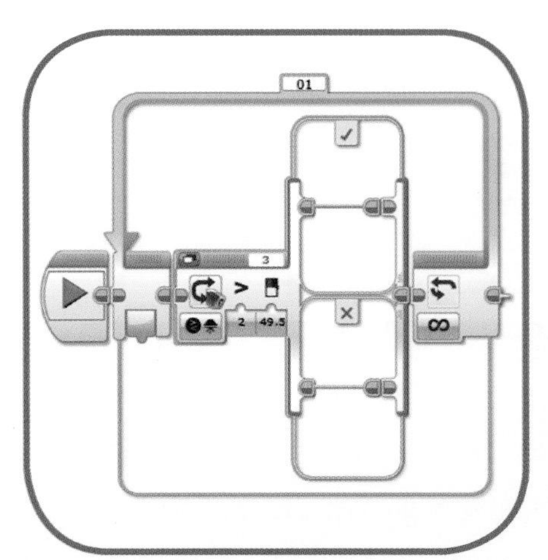

图 9-4b　根据颜色传感器结果进行两种动作

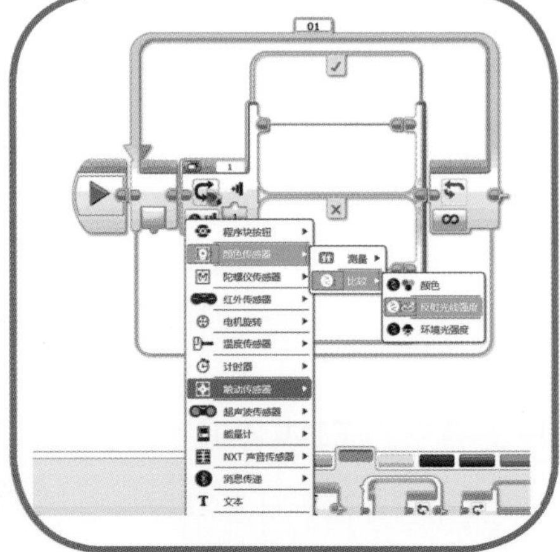

图 9-4c　设定移动转向切换指令的判断条件为颜色传感器

步骤 3

在切换指令的「√」中放入一个移动转向指令，并将动作设定为 Off。这段指令代表当探测到白线时，B、C 电机都停止转动（见图 9-4d）。

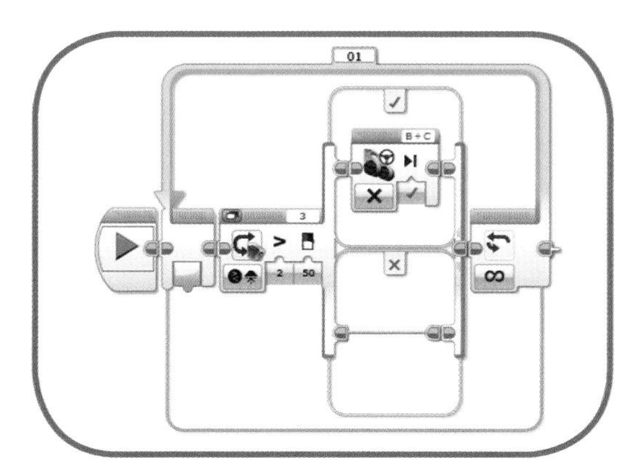

图 9-4d　探测到白线时停止所有电机

步骤 4

在切换指令的「X」中放入另一个移动转向指令，并将动作设定为 On，Steering 为 0，功率值为 50。这段指令代表当没有侦测到白线，也就是在黑色场地上时，机器人会持续前进（见图 9-4e）。

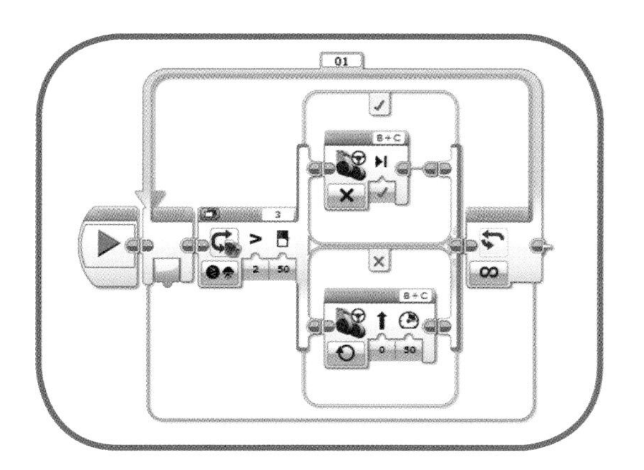

图 9-4e　当未探测到白线时则持续前进

9-2-5 循迹移动

在这一节中，我们终于要介绍如何让机器人遵循轨迹移动了。现在请大家将颜色传感器对准轨迹线（在本章中，我们将机器人放置于轨迹线右侧一点），并令其前进方向与轨迹线平行。当要前进时，机器人会先让右侧电机前进，这样它就会向左靠近轨迹线，但如果右侧电机继续前进，则会越过轨迹线，最后变成机器人一直原地旋转。要使其能沿着轨迹线行走，那么机器人必须要停止原本前进的电机，并让另一侧的电机开始前进，效果如图 9-5a 所示。

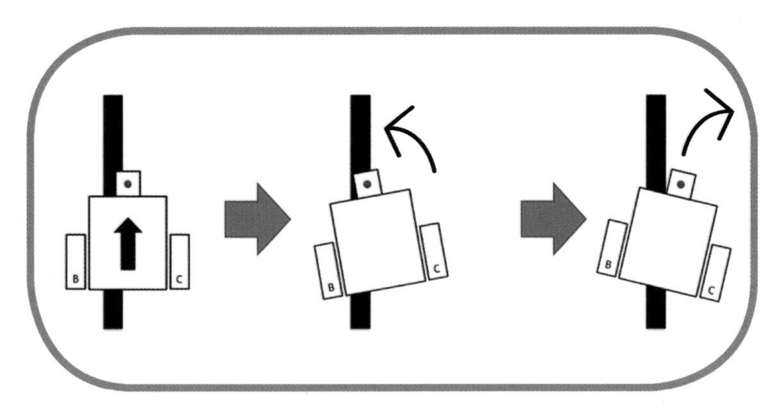

图 9-5a　左右修正循迹前进

在编写程序之前，我们要先列出状态机的架构（见表 9-5），这样能够使我们更加明了颜色传感器与机器人行走的关系。

表 9-5　循迹机器人的状态机架构

状态	判断条件	结果
S1	光感值 <49.5	车子左转
S2	光感值 >49.5	车子右转

写完状态机后我们会发现，只要将范例 9-2-3「遇黑线停止」及范例 9-2-4「遇白线停止」这两个程序合并，就可以完成「循迹机器人」的程序了。程序步骤如下。

步骤 1

延续范例 9-2-3 与范例 9-2-4 的程序，我们现在要做得就是将这两个程序合并，由此即可完成循迹机器人程序。于是我们在切换指令的「√」中放入两个大型电机指令，分别设置为 B 电机 Off，C 电机 On（见图 9-5b）。

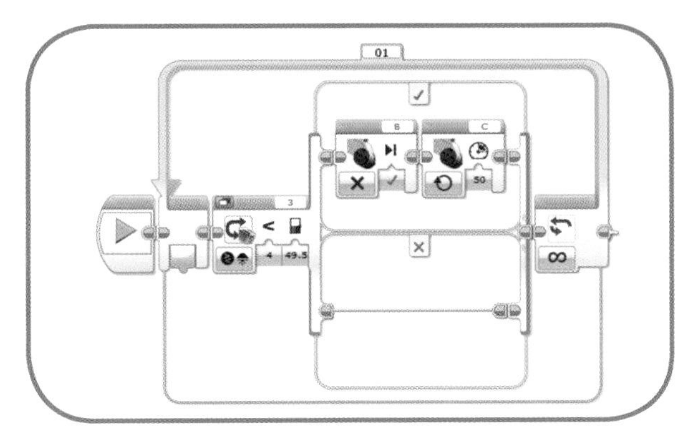

图 9-5b　探测到黑线时，机器人调整电机从而修正方向

步骤 2

如图 9-5c 所示，在切换指令的「X」中，再放入两个大型电机指令，并分别设置为 B 电机 On，以及 C 电机 Off，这样与「√」的设置刚好相反。由此，我们可以看到，切换指令的上半部分就是「遇黑线停止」的核心程序，下半部分则为「遇白线停止」的核心程序。

到这里，程序设计部分就完成了。接下来，你可以为机器人设计一个有挑战性的场地，再将程序加载到 EV3 中并执行，机器人就可以沿着轨迹线来移动了。请注意，你可能需要根据实际状况，来调整机器人的结构设计以及程序的参数。

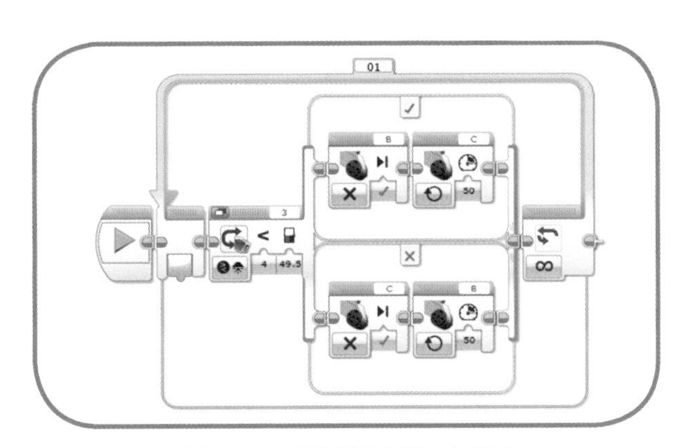

图 9-5c　循迹机器人程序完成图

9-3 小结

本章以循迹机器人为例为大家说明了状态机的使用方法，当你的机器人需要根据某些条件来执行多个动作时，使用状态机来进行管理是非常好的办法。循迹机器人也是各级别机器人竞赛中最常见的比赛项目之一，它可以考验你对机器人结构设计以及程序设计的功力。这里面有许多因素要考虑，例如：颜色传感器与地面所成的角度以及离地的高度、机体尺寸以及程序参数等，这都需要大量的练习才能够窥得其中的奥妙。

9-4 延伸挑战

1. (　　) 在本章的范例中，如果把切换指令中的程序上下对调，程序的执行效果是一样的。
2. (　　) 如果把“B 电机停止 C 电机前进”程序中的“B 电机停止”指令删掉，程序仍然可以照常执行。
3. (　　) 循迹机器人范例中所使用颜色传感器模式是下面哪一种？
   A. 颜色模式
   B. 环境光模式
   C. 反射光模式
4. (　　) 在循迹机器人范例中，如果你希望机器人右转应该如何编写程序？（以下答案顺序为程序出现的先后顺序）
   A. B 电机 On，C 电机 Off
   B. C 电机 On，B 电机 Off
   C. B 电机 Off，C 电机 On
   D. C 电机 Off，B 电机 On
5. 为什么本章中所使用的光感判断值为 49.5？
6. 当循迹机器人要追踪的轨迹线由黑色改为白色，而场地颜色变为黑色时，我们应该如何设计程序？

第 10 章

指南机器人

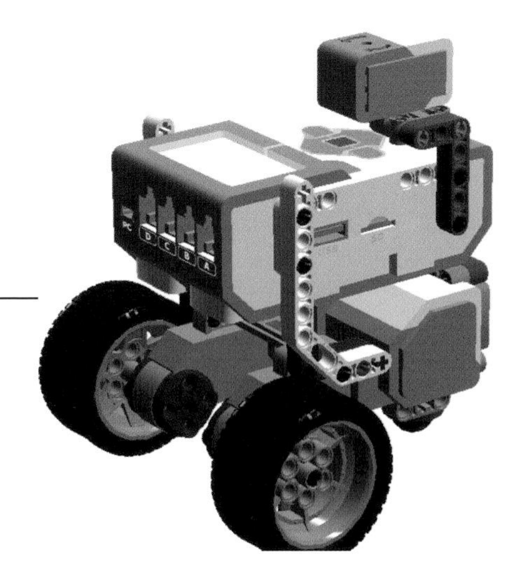

10-1 学习目标

在本章，我们会先向你介绍陀螺仪的基本知识，然后展示如何制作一台指南车机器人，并通过它向你介绍陀螺仪传感器的使用方法，让你熟悉如何运用陀螺仪来为机器人校准位置。在机器人开始移动前要先将车身定位，完成之后再按下触动传感器，此时陀螺仪传感器会进行校准；将指南车摆放好位置后，再单击触动传感器，指南车便会沿着先前陀螺仪传感器校准的方向前进。

10-2 认识陀螺仪传感器

陀螺仪传感器指令

陀螺仪传感器指令位于传感器指令区中，如图 10-1 所示。

我们可以通过陀螺仪传感器指令（见图 10-2）读取陀螺仪的旋转角度，以及旋转速率的数值。

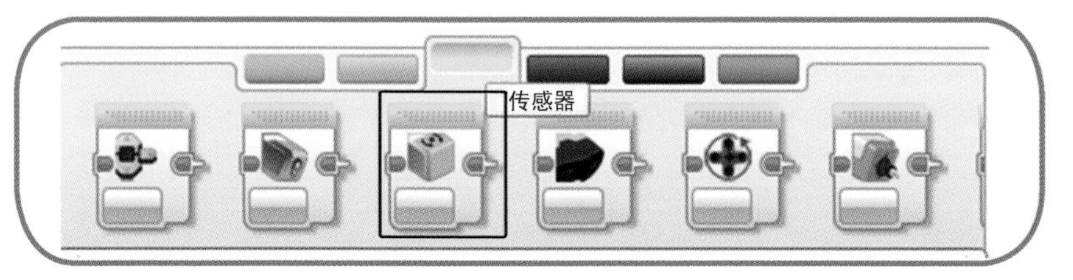

图 10-1　传感器指令区

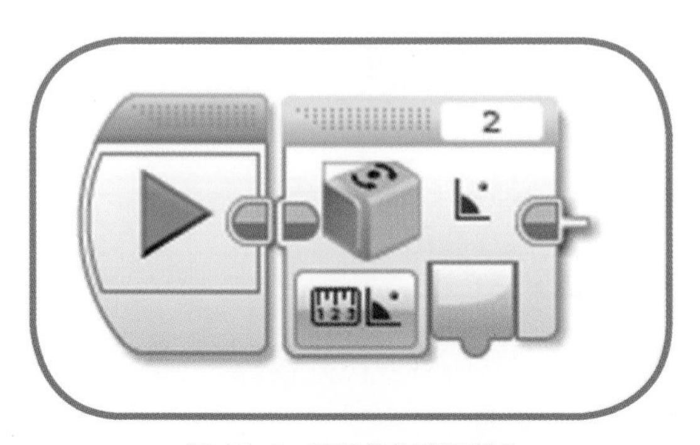

图 10-2　陀螺仪传感器指令

陀螺仪传感器的模式

陀螺仪传感器共有 3 种模式：测量、比较，以及重置，下面我们将依次进行说明。

测量模式

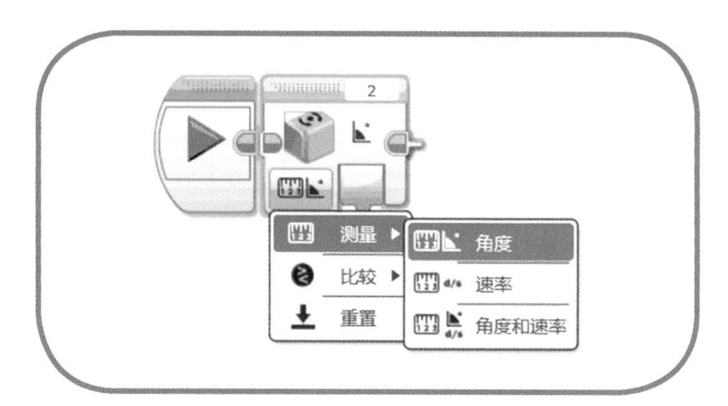

图 10-3　陀螺仪传感器的测量模式菜单

◎测量角度模式

如图 10-4 所示，这个模式可以计算传感器旋转过的角度，而这个角度的值是以上一次传感器重置时的角度为基准进行计算的，因此在开始测量之前，你需要使用重置功能来将角度归零（也就是改变起始角度）。

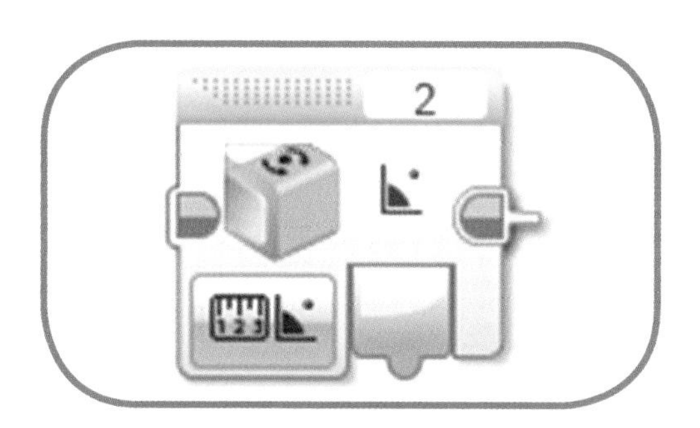

图 10-4　设定为测量角度模式

◎测量速率模式

如图 10-5 所示，本模式可以计算传感器旋转的速率，单位是角度 / 秒（degree/second）。

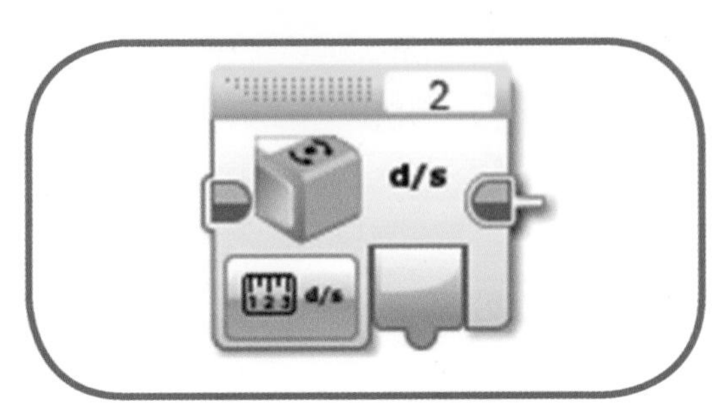

图 10-5　设定为测量速率模式

◎测量角度及速率模式

如图 10-6 所示，这个模式可以同时读取旋转角度以及旋转速率。

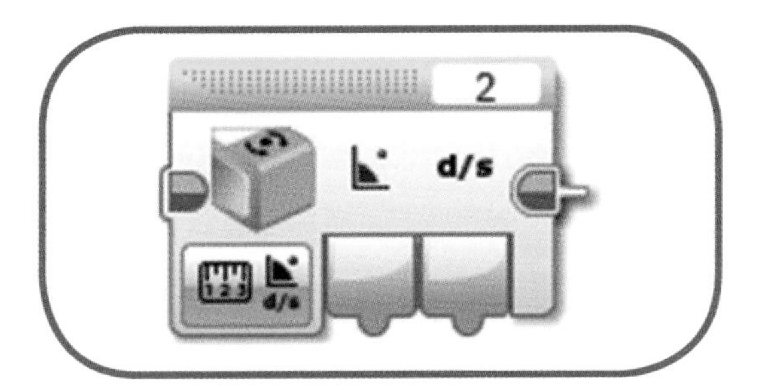

图 10-6　设置为测量角度与速率模式

比较模式

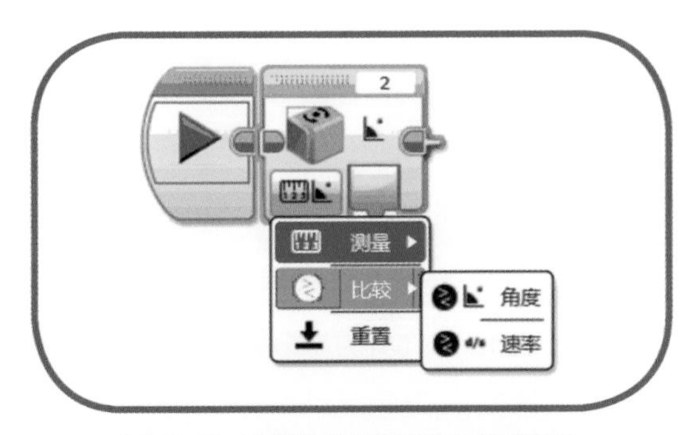

图 10-7　陀螺仪传感器的比较模式菜单

◎比较角度模式

如图 10-8 所示，在本模式中，系统会将陀螺仪传感器所测量到的角度，与所指定的角度进行比较，看它们是否相等（如图 10-8 中阈值为 90°）；输出值有两个，左边尖头的是逻辑判断结果（True 或 False），右边的圆头是测量到的角度数值。

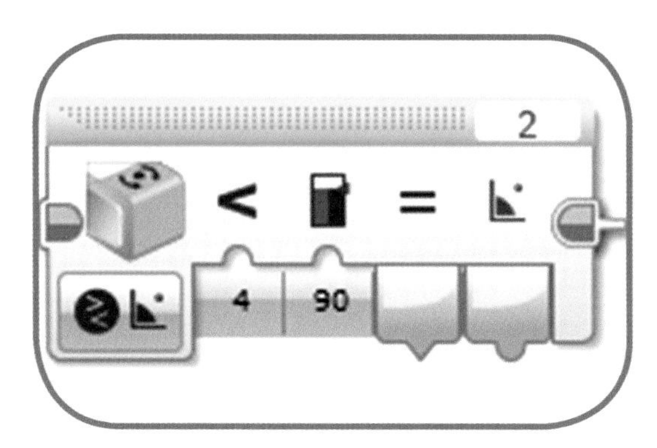

图 10-8 设定为测量角度与速率

◎比较速率模式

如图 10-9 所示，这个模式跟比较角度的模式类似，差别在于所比较的项目为旋转的速率，输出值一样有两个：逻辑判断结果（True 或 False）以及测量到的速率。

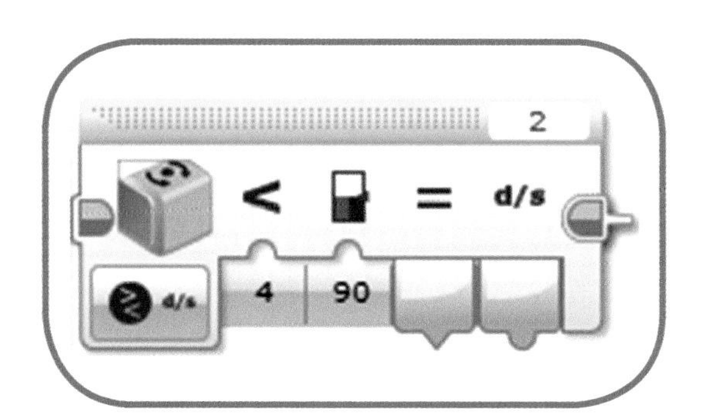

图 10-9 判断速率是否小于 90° /s

重置模式

使用重置模式（见图 10-10）会将传感器目前的转动角度归零。

请留意传感器旋转的角度是通过不断地累加旋转速率所得到的，而旋转时所产生的微小误差也会因此累积，造成旋转角度「飘移」。因此，适时地重置角度可以消除这类误差，并为下一步的角度测量定义一个新的起始点

（见图 10-11）。

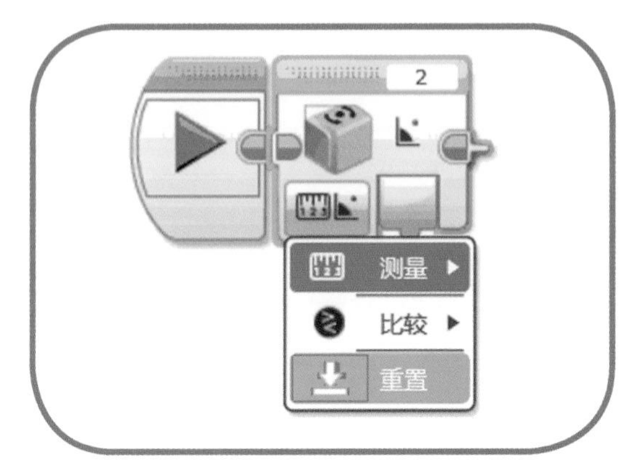

图 10-10　陀螺仪传感器的重置菜单

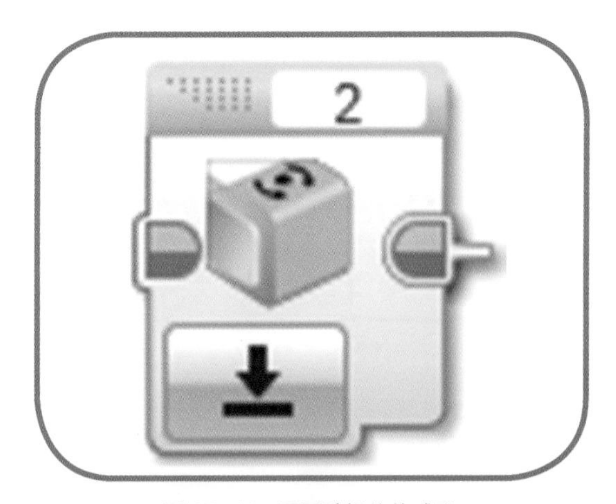

图 10-11　重置陀螺仪传感器

10-3　对准方位后前进

我们先用一个简单的范例来介绍陀螺仪传感器的使用方法，机器人会原地旋转，直到对准指定角度之后，再开始保持前进。

10-3-1　结构

本范例的机器人是在双电机车体基础上加装一个陀螺仪传感器（见图 10-12），这里需要将陀螺仪传感器正面对准机器人的前进方向。

图 10-12　机器人加装陀螺仪传感器

10-3-2　程序介绍

〈Stop at Angle.ev3〉

这个范例中的机器人在旋转一定角度之后会停止转动，并且电机会再向前转一圈。在设计本案例的程序时，我们将会使用等候陀螺仪传感器（Wait-Gyro Sensor）指令。

步骤 1

如图 10-13 所示，在动作指令区内新增一个坦克式移动指令，并设置为 On，同时将 B 电机的功率值更改为 40，C 电机的功率值更改为 0，以达到令机器人顺时针旋转的效果。

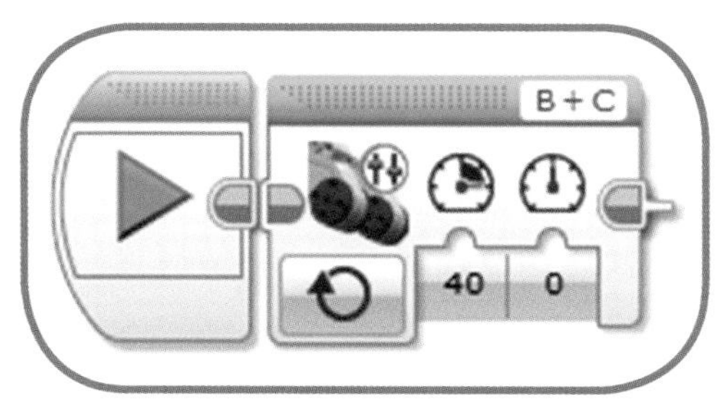

图 10-13　在开始指令后方新增坦克式移动指令

步骤 2

如图 10-14 所示，在坦克式移动指令后面增加一个等候指令，同时将等候条件设置为等候陀螺仪传感器改变角度，在此设定条件为增加，判断角度为 45°。

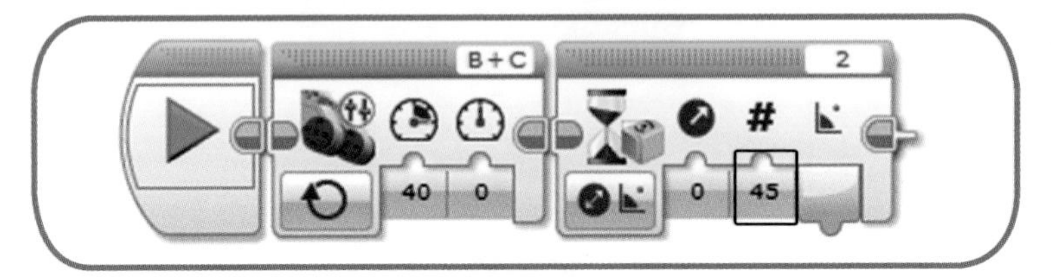

图 10-14　在坦克式移动指令后增加等候指令

步骤 3

接下来，如图 10-15 所示，在等候指令后面接上另一个坦克式移动指令，并调整为 Off。这样设置的效果是，机器人会在转动 45° 后停止。

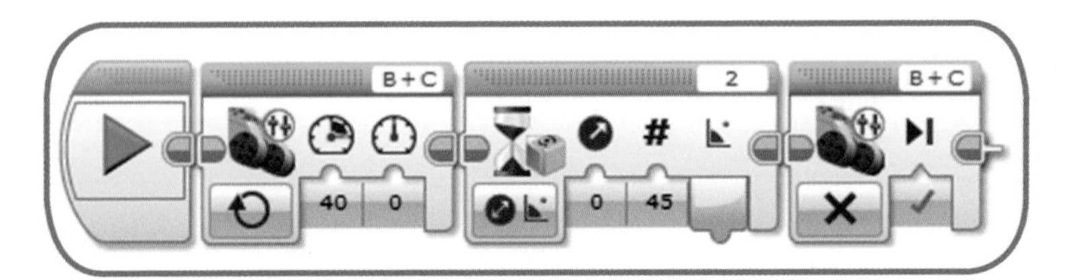

图 10-15　在坦克式移动指令后接上等候指令

步骤 4

然后再新增一个坦克式移动指令（见图 10-16），不调整任何参数，使机器人可以前进电机旋转一圈的距离，完成后会如图 10-16 所示。设置好之后，你可以试验一下机器人的运动状态，看看是否会在转动 45° 之后电机再前进一圈。

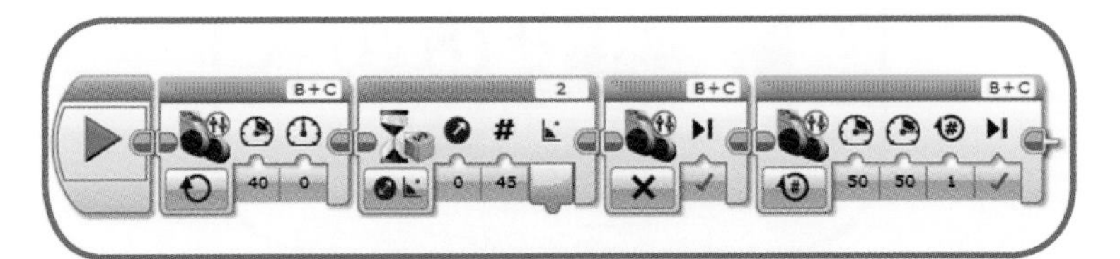

图 10-16　新增前进用的坦克式移动指令

CAVEDU 说：使用陀螺仪时要注意什么？

陀螺仪的角度测算会分成顺时针和逆时针旋转两种。若要达到像本程序所设计的效果，使机器人旋转一定的角度后做特定动作，就需要注意，机器人的旋转方向一定要与陀螺仪旋转量的测量方向相同。

10-4 指南机器人

在这一节中，我们要向大家介绍如何制作一部指南机器人。指南机器人的特性是可以自行判断前进方向，并始终以设定的目标方向行进。其具体表现为使用时先将机器人对准要前进的方向，定位之后按下触动传感器，让陀螺仪进行校准就可以标定前进方向。在行进中受到外力干扰而导致轨迹偏移时，机器人可以利用切换指令程序让指南车自行修正前进方向，也就是始终朝着初始校准的方向前进。

程序介绍

gyro_easy.ev3

步骤 1

首先新增一个等候指令，条件设置为触动传感器被压下又弹起，如图 10-17a 所示。接下来，再新增一个陀螺仪传感器指令，将其设为重置（Reset）模式，完成效果如图 10-17b 所示。这段指令代表第一次按下触动传感器时，陀螺仪传感器会以当下所指向的角度来重置归零。

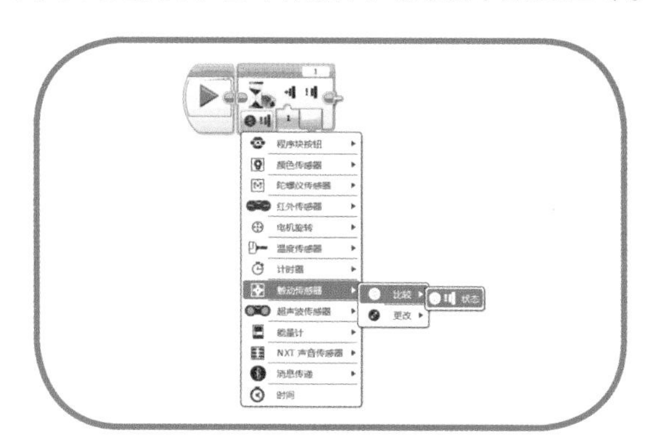

图 10-17a 利用陀螺仪传感器校准方向

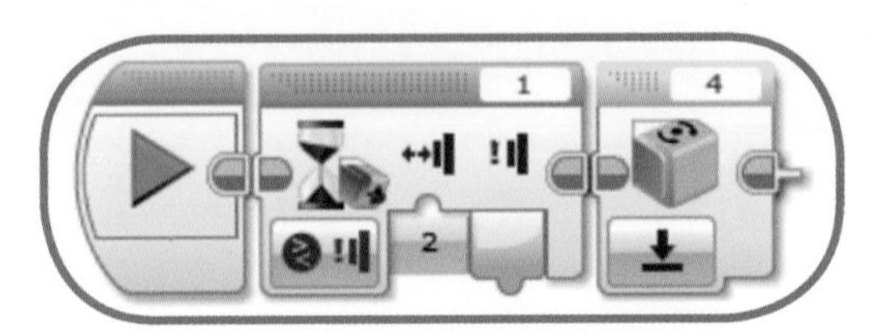

图 10-17b　利用陀螺仪传感器校准方向

步骤 2

复制步骤 1 中的等待触动传感器指令，代表再按下一次触动传感器即校准完成，如图 10-18 所示。

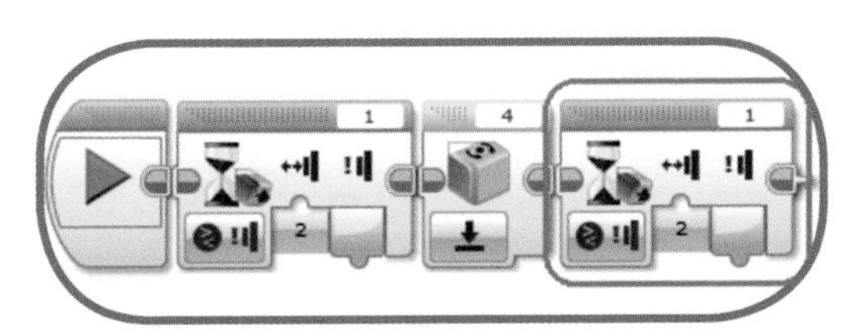

图 10-18　新增等待触动传感器指令

步骤 3

如图 10-19a 所示，在等待触动传感器指令后方新增一个切换指令，判断条件为比较陀螺仪传感器的角度值，判断值为 0°。如图 10-19b 所示，接着再将其套用到一个无穷循环中，这样就能让机器人持续根据陀螺仪传感器的角度值来修正方向。

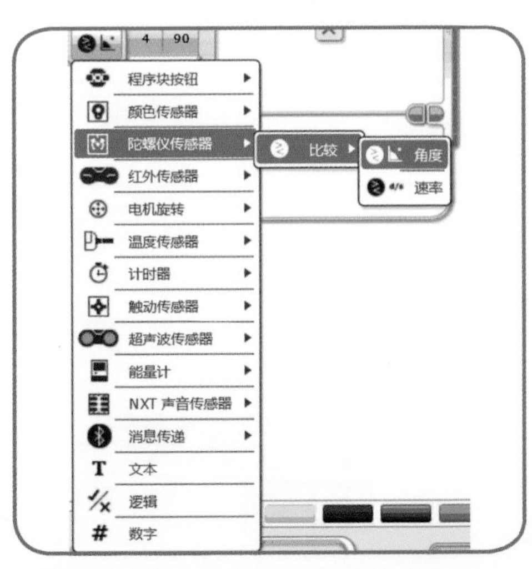

图 10-19a　设置切换指令为比较陀螺仪传感器的旋转角度

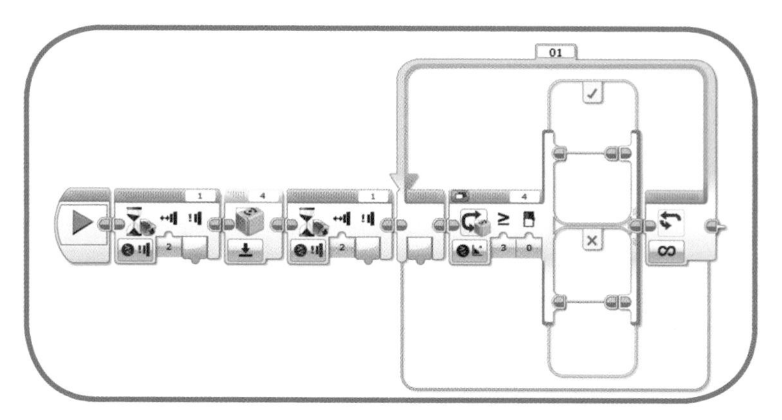

图 10-19b 新增无穷循环与陀螺仪传感器的切换指令

步骤 4

我们要在切换指令的两个分支中，分别放入一个移动转向指令，功率都是 50。如图 10-20 所示，接下来，我们要将上端的舵向值改为 -30，代表向左前方前进；而下端的舵向值则改为 30，代表向右前方前进。如此一来，机器人就会根据陀螺仪传感器的反馈来反复修正方向，直到与最开始校正的相同。

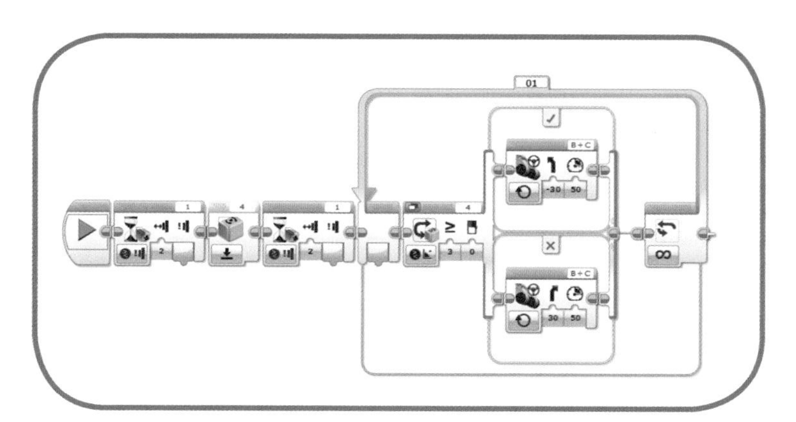

图 10-20 gyro_easy 程序完成图

10-5 小结

本章介绍了陀螺仪传感器的使用方法，并通过制造和编译指南车机器人，向大家介绍了如何让机器人根据陀螺仪传感器来修正方向。对于机器人来说，如果能得知本身方位的话，在各种运动的效果都会更精准。请注意，EV3 的陀螺仪传感器只能探测单一轴向的角度与角速度变化，你日后可以考虑外接其他厂商的三轴陀螺仪传感器，那会有更多有趣的应用。

10-6 延伸挑战

1. (　　) EV3 陀螺仪传感器可以探测 3 个平面的角度变化量。
2. (　　) EV3 陀螺仪传感器所探测到的数值是累加的。
3. (　　) 下列哪一个不是陀螺仪传感器中可用的选项?
   A. 角度
   B. 速率
   C. 重置
4. (　　) 要使程序能持续判断某个条件成立与否，要怎么做呢?
   A. 切换指令搭配传感器指令
   B. 传感器循环
   C. 循环搭配切换指令
   D. 切换指令搭配循环
5. 请尝试把陀螺仪传感器握在手中，将它当作游戏杆来控制 EV3 机器人前进后退，例如以 180° 为基准，小于 180° 则前进，大于 180° 则后退。你可以根据实际的握持状况来调整判断条件。

第 11 章

垃圾车机器人

11-1 学习目标

本章我们所要介绍的垃圾车机器人，会沿着指定路线前进，当检测到垃圾桶时会停下来收垃圾。而与前面章节的内容不同的是，本章的垃圾车机器人中会出现多任务（Multi-tasking）处理的程序设计概念，这种设计可以让程序同时处理两种或两种以上的动作指令。

本章的前半段，我们会先用一个简单的范例来介绍多任务程序的设计方法，后面再和大家一起制作一台垃圾车机器人，来看看实际应用的效果。

11-2 多任务程序设计

在先前的范例中，连接在开始指令后的所有指令，都是在同一个任务（Task）中依次执行的指令链，即使有循环或者切换指令，它们也还是在同一个链条之内。而相对的，“多任务”是指控制器或程序允许有多个任务线同时并行执行。本章我们所要介绍的垃圾车机器人，就可以同时执行两条不同的任务线，让机器人一边沿着黑线前进，一边播放音乐。在设计多任务程序时要注意到，两条程序线之间不可以互相干扰。

11-2-1 结构

本范例使用的是一般的双电机机器人结构，请参考本书附录 A 的内容进行组装。或者，你可发挥想象力自行设计一台专属的机器人。

11-2-2 程序介绍

〈Multitasking.ev3〉

步骤 1

在动作指令区中新增一个移动转向指令，并将电机的旋转圈数设置为2。之前我们的程序结构都是直接将指令接在开始指令后面，而这次则不同，由于我们需要将程序主线设置为两条，因此需要将移动转向指令放在开始指令的后方一段距离而并不连接在一起。这种情况下，移动转向指令会呈现灰色（离线状态），不过别担心，接下来我们就会让它恢复正常。首先，我们将鼠标移到开始指令的接头上，这时鼠标光标会变成一捆线的形状（如图 11-1a

所示)；然后按住鼠标左键，同时将鼠标移动到移动转向指令左侧的接头上，然后松开左键，这样就程序连线工作就完成了，移动转向指令的颜色也恢复正常（见图 11-1b）。

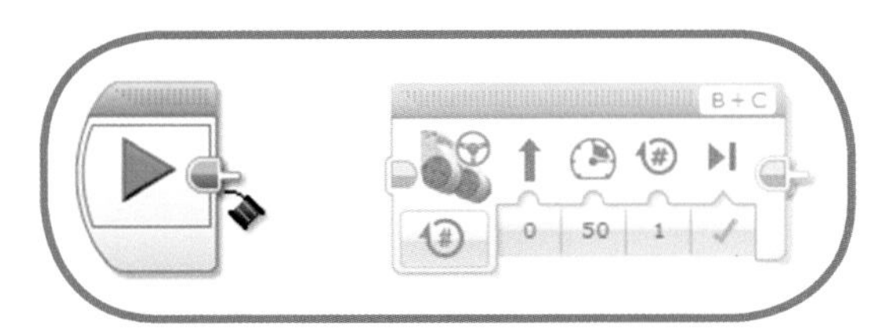

图 11-1a　在开始指令后方新增方向盘式移动指令

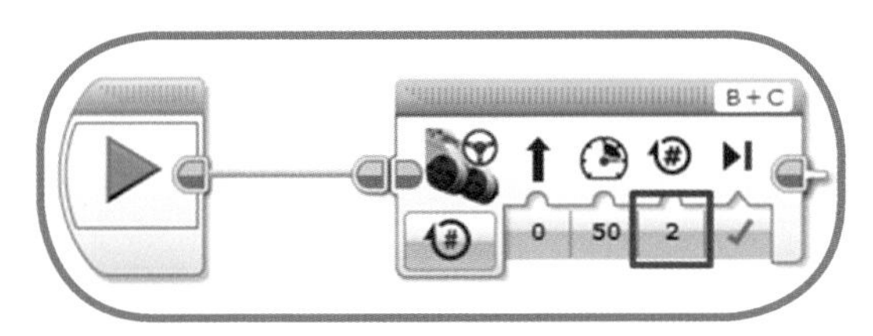

图 11-1b　接线完成

步骤 2

如图 11-2 所示，在移动转向指令后面接上一个播放音效指令，同时将播放条件设置为 Stop。

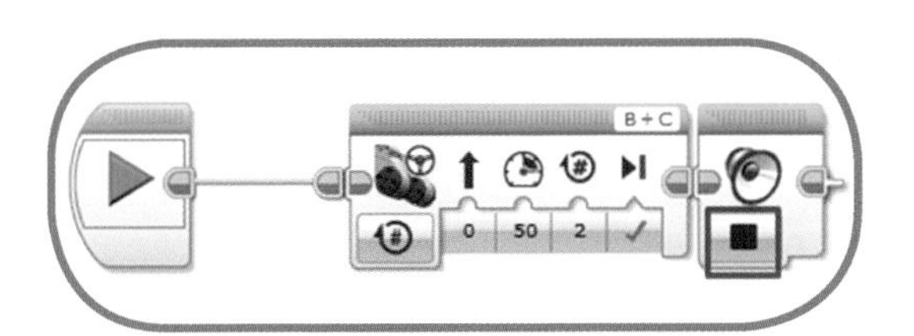

图 11-2　在移动转向指令后面接上播放音效指令

步骤 3

接着，我们再新增另一个播放音效指令，并把它放置在程序的下方，它是我们使用多任务模式来运行的另一条支线程序。现在我们给播放音效指令选择声音文件，这里我们选择 Motor idle，并将播放模式选为 Repeat。完成后效果如图 11-3 所示。下面，我们就可以试试看，机器人是否会一边移动一边发出声响了。

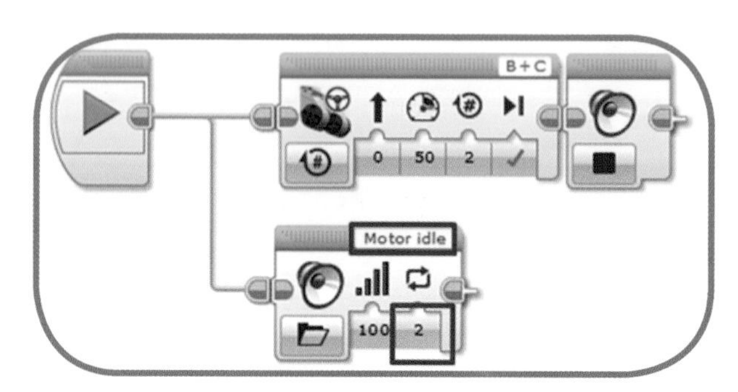

图 11-3 新增第二个播放音效指令

CAVEDU 说：使用多任务模式时要注意什么？

在设计具备多任务功能的程序时，要注意程序主线与支线之间不能互相干扰。例如，同一个电机，如果在主线是正转，却在支线设定为反转，那么就可能发生无法预测的状况，所以在不同的程序线中，请不要在线使用同一个输出指令，包括电机、声音以及灯光等。

反之如果是传感器的话，由于每个指令都是单纯读取传感器的数据，所以在不同程序线中可以使用同一个传感器指令。

11-3 垃圾车机器人

“垃圾车”是以先前的循迹机器人为基础，再加入多任务执行的概念转化而来的。机器人可以同时执行两段程序，主线程序依靠颜色传感器沿着轨迹前进，而支线程序则是通过超声波传感器来侦测路边是否有垃圾桶，两者同时执行而不会互相干扰。

主线程序会让机器人沿着黑线行走，并发出音频文件“Horn2”的声响。而支线程序则是在超声波传感器探测到旁边有物体时，让机器人停下来并发出音频文件“Detected”的声响。接下来我们将向大家介绍“垃圾车”的搭建和编程步骤。如有需要，大家也可以从本书的官方网站下载程序文件、机构图文件，以及其他资料信息。

垃圾车的行为分析

1. 每天依照固定的时间、路线移动。

2. 一边移动，一边播放音乐。

3. 到固定点会停车，打开车厢，等垃圾收集完毕后，才会向下一站移动。

11-3-1　结构

垃圾车机器人是在双电机车体的基础上，加装一个探测面朝向地面的光传感器，以及一个探测面朝向右侧的超声波传感器。搭建效果请参考图 11-4，或者你可以根据实际状况或个人需求来设计车体。

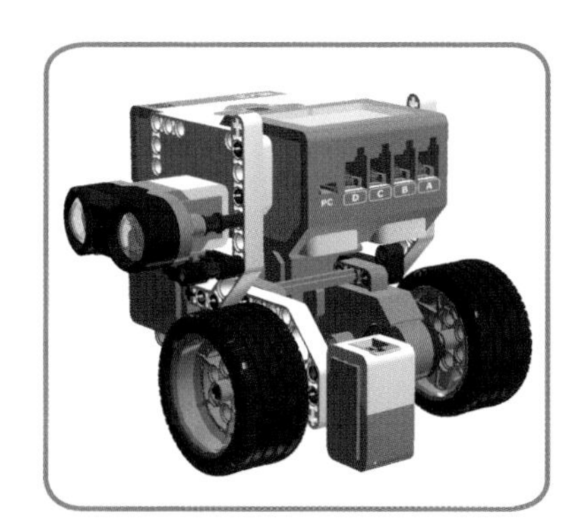

图 11-4　垃圾车机器人组装范例

11-3-2　主机按键指令

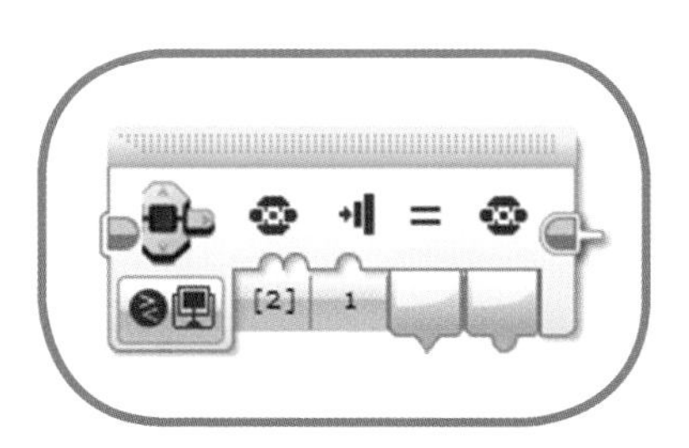

图 11-5　主机按键指令

“EV3 主机按键指令”可以获取 EV3 主机上按键的状态值。EV3 主机上的按键共有 6 个：左、右、上、下、中间以及退出键，由于退出键的功能之一是用来离开程序，因此它被保留，不在本指令的设置范围内。

这个指令可以让我们知道哪一个按键被按下，或者可以用来比较任何一个按键的状态是否是下面 3 种状态之一，0 ：释放；1 ：压下；2 ：弹起。同时，还会得到一个逻辑值的结果。

Brick Buttons 指令共有两种模式：测量模式和比较模式。

测量模式

输出被按下的按键代码（ID）（见表 11-1）。

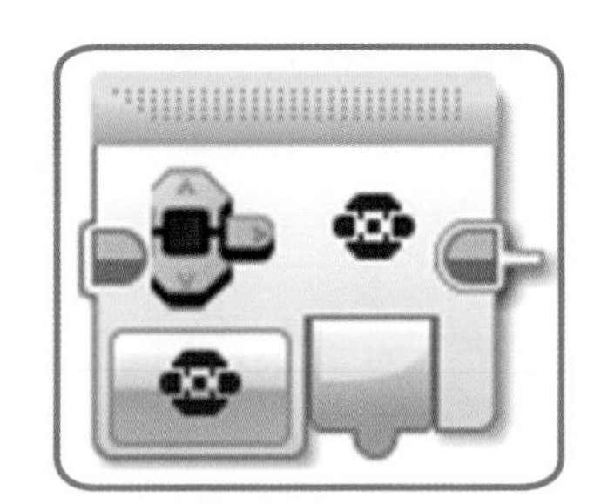

图 11-6　主机按键指令下的测量模式

表 11-1　按键及对应的代码

被按压的按键	代码
无	0
左键	1
中间键	2
右键	3
上键	4
下键	5

范例 1：显示按键代号

〈EX 11-1.ev3〉

如图 11-7 所示，将被按下的按键代号显示在 EV3 主机屏幕的中间。

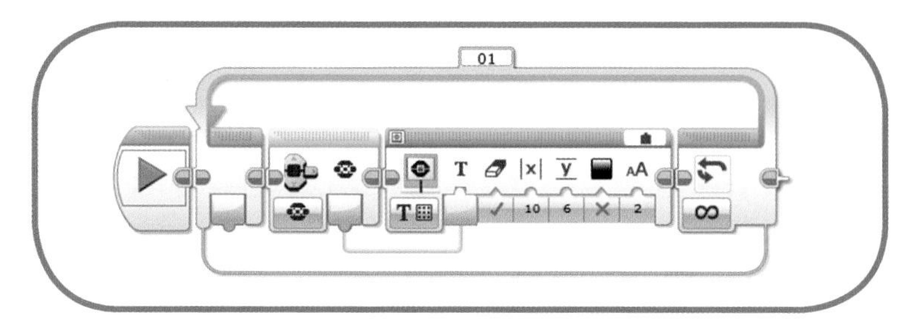

图 11-7　在屏幕上显示被按压按键的按键代号

范例 2：组合字符串

〈EX 11-2.ev3〉

如图 11-8 所示，将被按下的按键代号放入字符串「Button(ID)'s state is Pressed!」中，并显示在 EV3 的主机屏幕中间。

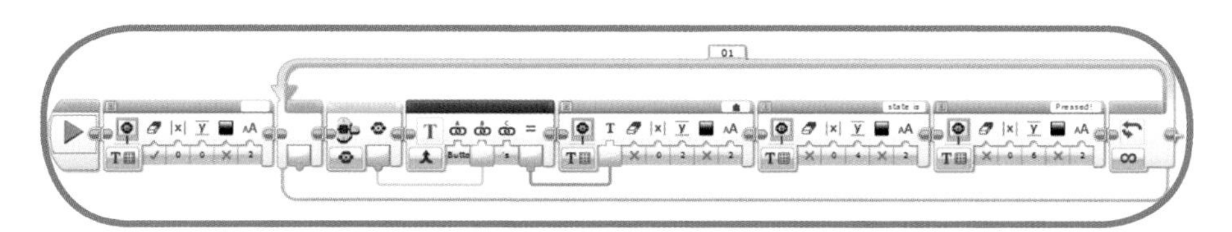

图 11-8　将按键状态结合一段文字显示在屏幕上

比较模式

如图 11-9 所示，在比较模式之下，我们可以选择一个状态（压下、释放、弹起），来与选定按键的测量值做比较；我们也可以选择一个状态，然后测试哪一个按键符合这个状态。

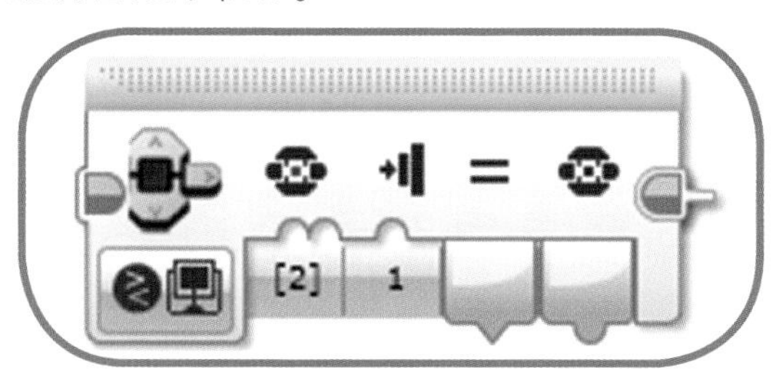

图 11-9　主机按键指令下的比较模式

我们可以选择对单个按键，或者一组按键来做这个测试。比较结果会以逻辑值输出，若比较结果为真，则符合条件的按键代码会以数值的形式输出。

11-3-3 程序介绍

〈Garbage Truck.ev3〉

垃圾车机器人的程序分为两个部分：1. 循着痕迹线前进；2. 探测到障碍物后停止一段时间。我们先来编写循线前进这段程序。由于循线前进的程序已经在第 9 章详细介绍过了，因此在这里，我们直接对已完成的程序进行修改。你可以回顾前面章节的内容来复习相关的参数设置，具体请按照下列步骤操作。

根据超声波传感器状态决定是否循线前进

步骤 1

如图 11-10 所示，请将第 9 章中循迹机器人程序的循环结束条件，由原来的无穷循环改为超声波传感器，同时指定超声波传感器“距离值小于 10cm”为循环结束条件（见图 11-11）。

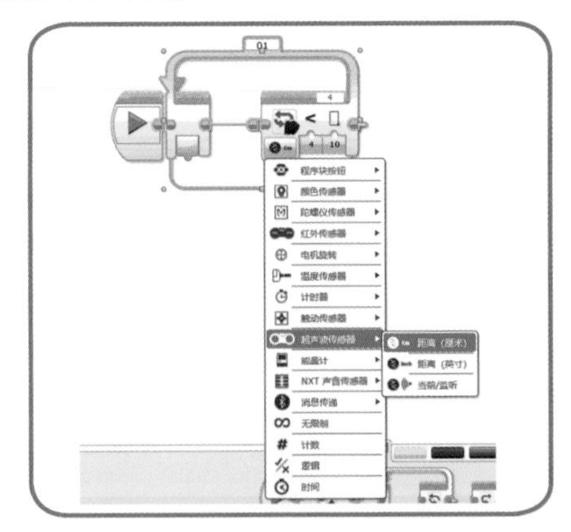

图 11-10 设定循环判断条件为超声波传感器

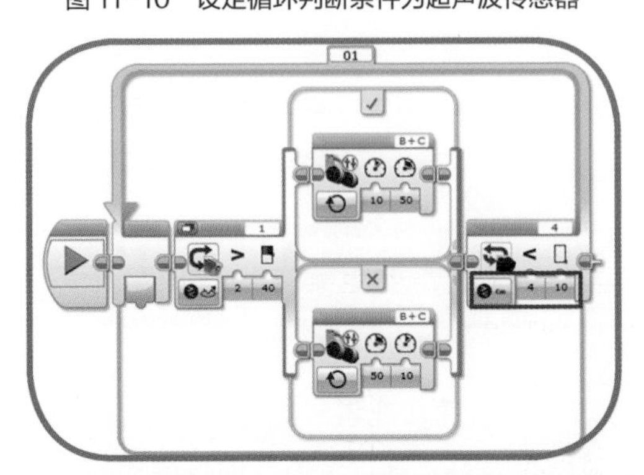

图 11-11 以超声波传感器值为停止循环条件的循迹机器人程序

步骤 2

在循环 01 之后，新增一个移动转向指令，并将动作设置为 Off。然后，再新增一个无穷循环 02，完成后如图 11-12 所示。这样的设计代表当超声波探测到障碍物距离小于 10cm 时，程序会跳出循环 01 并停止 B、C 电机，近而重复执行循环 02。

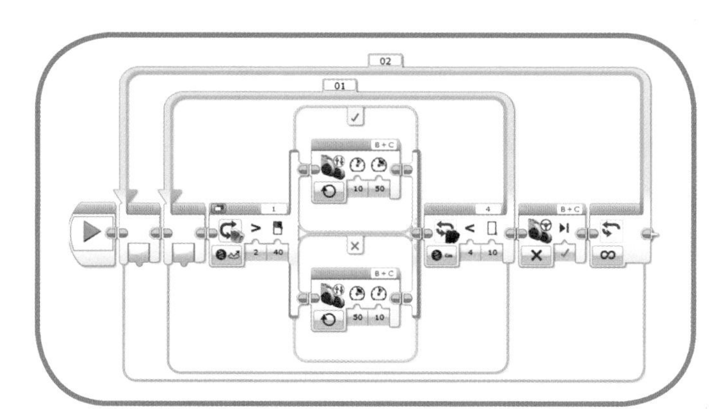

图 11-12　再加入无穷循环 02

播放垃圾车音乐与闪烁灯号

这是一段专门负责播放音乐并让灯光闪烁的程序，它与之前的程序是彼此独立的。请依照下列步骤操作。

步骤 3

在程序区空白处新建一个开始指令，然后再加入一个切换指令的判断结构，并选用超声波传感器模式，如图 11-13 所示。

步骤 4

将切换指令的判断条件设置为，超声波传感器距离值小于 10cm。我们需要在切换指令的「√」中放入一个程序块状态灯指令，颜色设定为 2 号“红色”，并在其后方新增一个播放音效指令，音效文件名选择“Detected”。这段程序的效果是，当超声波传感器距离值小于 10cm 时，EV3 主机按键会发红光并播放“Detected”音效。

接下来，在切换指令的「X」中放入另一个程序块状态灯指令，这里颜色选择 0 号“绿色”，后面也要加上一个播放音效指令，音效文件名选择“Horn2”。

这段程序的效果是，当超声波传感器距离值大于等于 10cm 时，EV3 主机按键会发出绿光并播放“Horn2”音效，切换指令效果如图 11-14 所示。

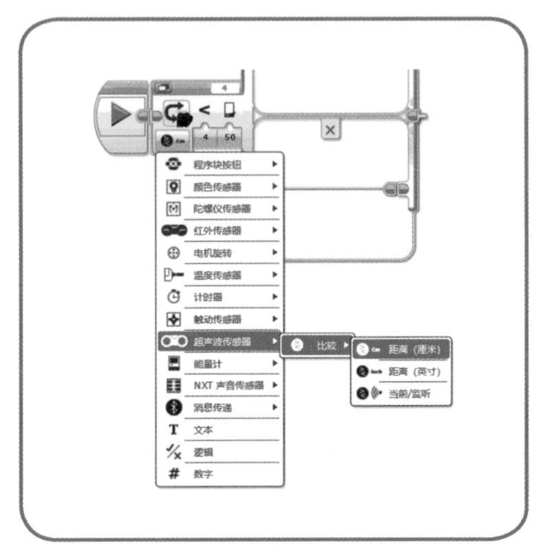

图 11-13　设定切换指令为超声波传感器

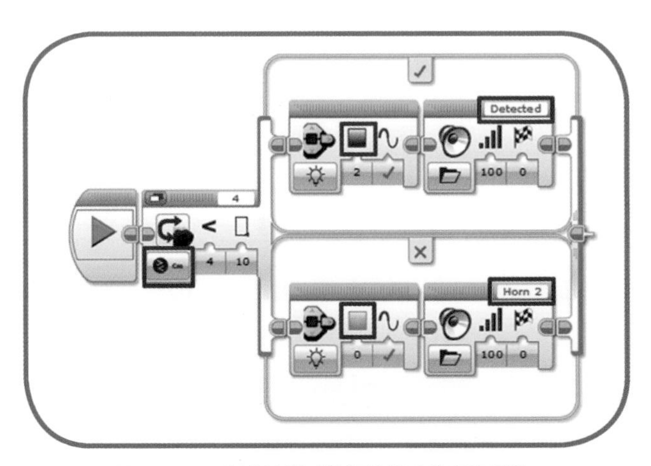

图 11-14　超声波模式的切换指令的判断结构

步骤 5

最后，我们新建一个无穷循环，并将切换指令嵌套到其中，完成后如图 11-15 所示。这段程序会判断超声波传感器在 10cm 距离之内是否探测到物体。完整的效果是：在该范围内没有探测到物体时，机器人会发出音效为“Horn2”的声响，同时 EV3 主机按键显示绿光；若在该范围内探测到物体，则机器人发出音效为“Detected”的声响，同时 EV3 主机按键显示红光。

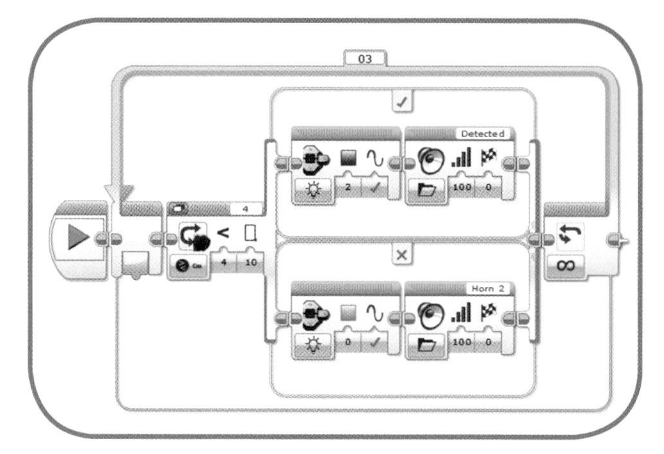

图 11-15　持续判断机器人是否探测到物体

步骤 6

如图 11-16 所示，到这里，垃圾车机器人的程序已经编写完成了。在这段程序中，你可以看到两个独立的无穷循环，这两个循环就是多任务处理时所并行执行的两段程序。根据本章介绍的多任务概念，你还可以加入更多想要同时执行的动作程序，这会让机器人的功能更加丰富有趣。

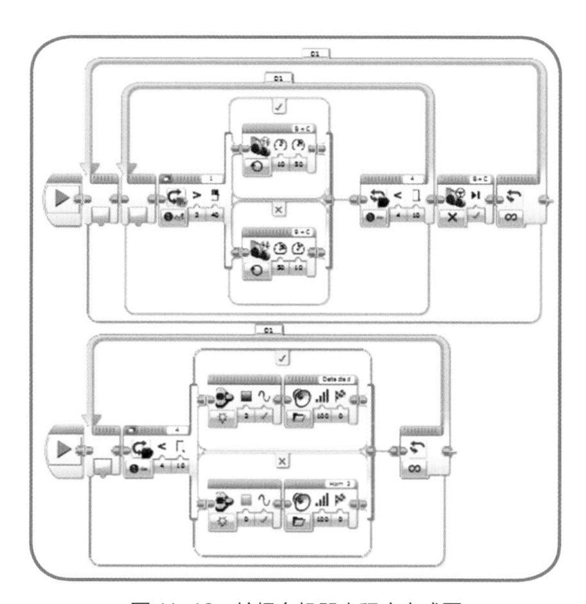

图 11-16　垃圾车机器人程序完成图

11-4 小结

本章的重点在于，我们使用了多个开始指令，从而达到多重任务同时执行的效果，让机器人可以同时实现多个功能。多任务程序设计是非常好用的设计模式，但请注意不要把同一个输出指令同时放在不同的主线或支线程序里，否则机器人的动作就会出现不可预测的奇怪情况。

经过本章的学习，你的机器人设计知识已经大幅扩充，现在可以尝试着对前面几章的范例机器人程序加入多任务的概念，看看手中的机器人能够同时实现哪些不同的功能?

11-5 延伸挑战

1. (　　) 超声波传感器只有大于和小于的比较选项?
2. (　　) 将同一个输出指令放在不同的主线或支线程序中，对程序不会有任何影响。
3. (　　) 程序块状态灯指令出现于下列哪一个指令区?
   A. 数据
   B. 流程
   C. 动作
   D. 传感器
4. 使用超声波模式跳出循环有几种选项? 请详细说明。
5. 颜色传感器可以当光传感器使用吗? 可以的话如何使用?
6. 试着以范例垃圾车机器人为基础，配置颜色传感器，制作一个“分类车”，其功能是按照积木的颜色将其放置到指定区域。你可能需要增加一组电机来组装一只搬运用的机械手臂。

第 12 章

剪刀石头布机器人

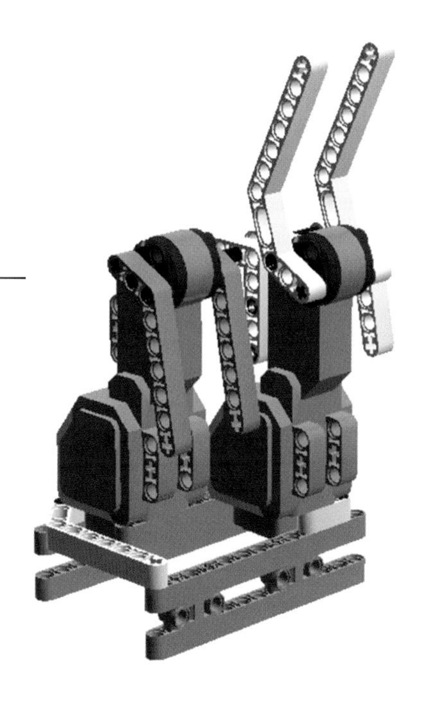

12-1 学习目标

在本章中，我们将会向你介绍如何使用随机（Random）指令，该指令可以在一定范围内随机产生数值或者逻辑值。同时，我们也会向你介绍，如何利用这样的特性来设计一台随机出拳的剪刀石头布机器人。

12-2 认识随机指令

程序介绍

随机指令可以产生随机数值或者逻辑值，在编程时，我们可以应用随机指令的输出值让机器人随机选择执行不同的动作。

随机指令

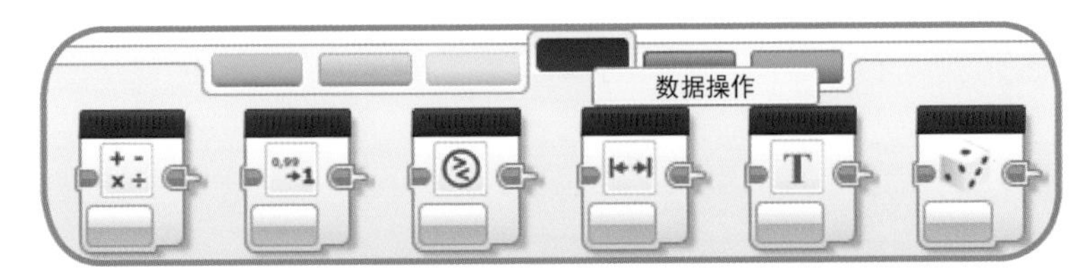

图 12-1 数据操作指令区

随机指令模式

如图 12-2 所示，随机指令有两种模式：生成随机数值，或者生成随机逻辑值。对于数值模式而言，我们可以调整随机数值的生成范围，而随即指令则会在我们设定的范围内随机产生一个整数值（请一定注意，整数值不会出现小数点）。

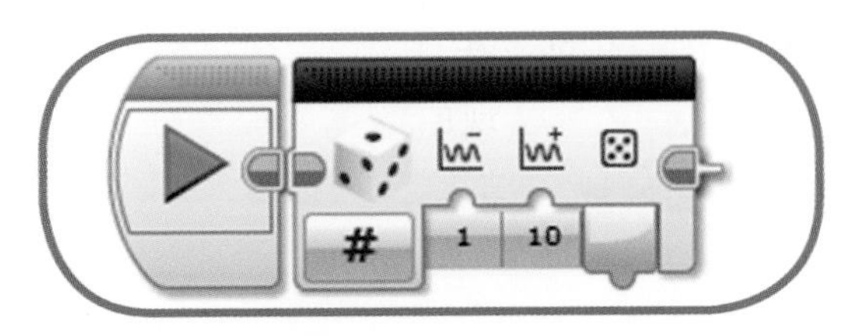

图 12-2 随机指令

数值模式

如图 12-3 所示，在数值模式下，指令会输出随机整数值，输出的随机整数会介于上限和下限所框定的区间范围之内，在这个范围内的每个整数值出现的概率都是一样的。

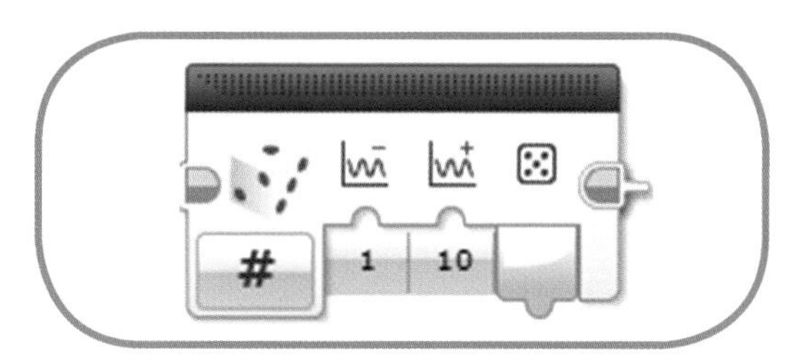

图 12-3　随机指令下的数值模式

范例 1：骰子游戏

〈dice.ev3〉

本范例是一个实现仿真丢骰子功能的程序，当你按下 1 号触动传感器后，EV3 的屏幕上便会随机出现 1~6 之间的数字（见图 12-4）。

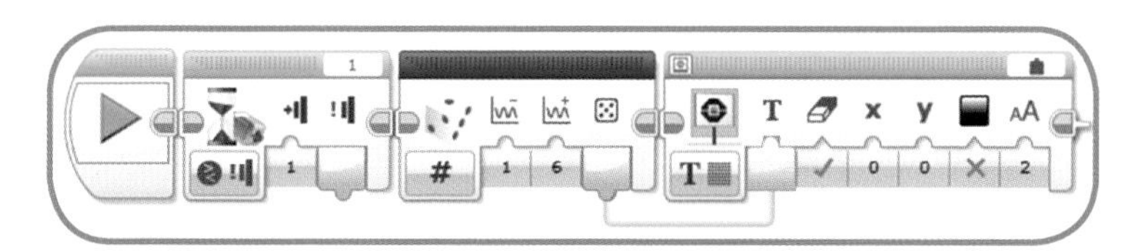

图 12-4　EV3 屏幕上随机出现 1~6 之间的数值

逻辑模式

如图 12-5 所示，在逻辑模式下，指令会输出随机逻辑值，也就是真（True）或假（False）。我们可以调整“真”值出现的百分率来改变随机逻辑值的出现比例；百分率可以在 0~100 之间自由调整，如果默认值为 50，也就是“真”“假”两者出现的概率各为 50%。举例来说，如果你将百分率的数值设为 40，那么结果将会有 40% 的概率为真，60% 的概率为假。

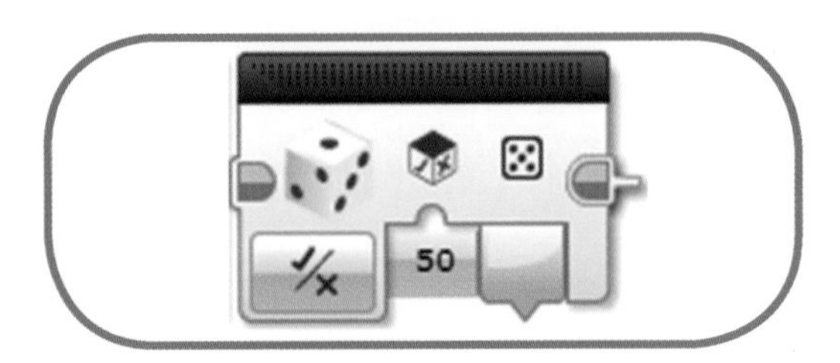

图 12-5 随机指令下的逻辑模式

范例 2：醉汉走路

〈random walk. ev3〉

下面的程序可以让机器人来模拟一个有趣的科学问题：醉汉走路。平常我们习惯用纸笔来探讨数学的概率问题，而现在我们则可以用实验来验证数学计算。当一个人喝醉的时候走路会摇摇晃晃，而且因为重心不稳以及判断力下降，醉汉走路时很可能偏向某一个方向。如图 12-6 所示，在本程序中，循环每执行一次，象征醉汉向左或向右走了一步，我们将醉汉往左边走的概率设置为 30%，向右走的概率便为 70%，以此作为初始概率分布进行实验。然后我们可以通过调整循环次数来做多次数据采样，用实验来证明你计算的理论值与实验结果是否相符。

举例来说，醉汉走两步可能的结果有 4 种，概率如表 12-1 所示。

表 12-1 醉汉走两步的结果

第一步	第二步	位置结果	概率
往右	往右	于中线右边两步	0.7×0.7=0.49
往右	往左	仍在中线上	0.7×0.3=0.21
往左	往右	仍在中线上	0.3×0.7=0.21
往左	往左	于中线左边两步	0.3×0.3=0.09

理论值告诉我们，4 种可能的结果发生的概率之比大约是 5 ：2 ：2 ：1。也就是说，如果让一个走路有 30% 机率向左走的醉汉每次走 2 步，共走 10 次，那么他有 5 次可能站在中线右边两步，4 次站在中线，1 次站在中线左边两步。我们将程序中的循环次数调整为两次后，让这个程序执行 10 次，并记录这 10 次测试后机器人的结束位置，就可以将实验结果与计算的理论值做比较看看是否相符。当然，你也可以尝试通过这样的实验来检查 EV3

中的随机指令是否公正。

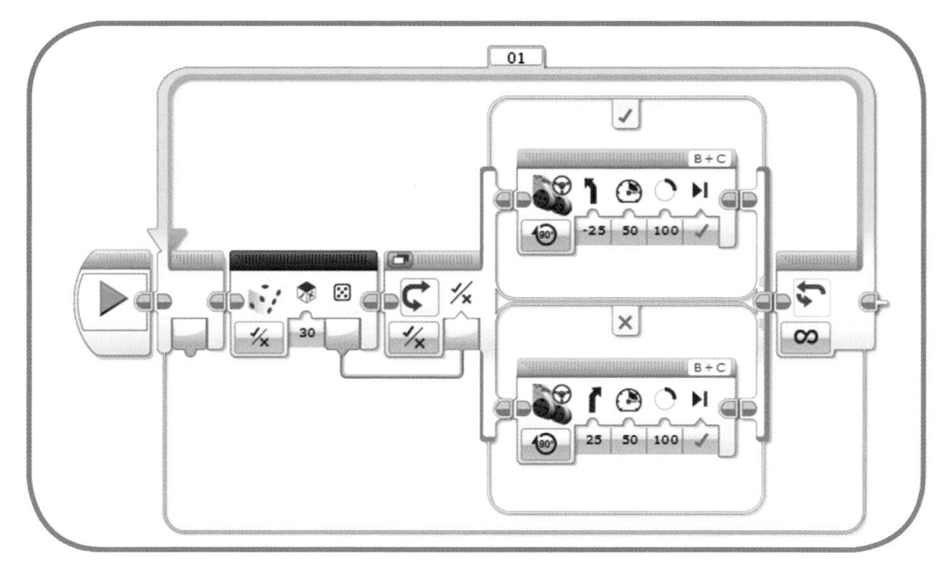

图 12-6　模拟醉汉走路

12-3　剪刀石头布机器人

12-3-1　结构

在搭建剪刀石头布机器人时，我们并不需要使用 5 个电机来控制 5 根手指头（EV3 主机最多只能连接 4 个电机），实际上只需要两个电机就能模拟出剪刀、石头、布 3 种出拳方式。剪刀石头布机器人的组装范例如图 12-7a 所示，我们使用 B 电机控制大拇指、无名指以及小指（图 12-7a 左电机）；C 电机控制食指跟中指（图 12-7a 右电机）。电机正转表示伸出手指，电机反转代表收起手指。一开始所有的手指是收起来呈拳头状（见图 12-7b）。你可以根据实际情况来调整结构设计，或者也可以在手指头上加上可爱的装饰品让机器人更加活泼有趣。布和剪刀的出拳方式如图 12-7c 和图 12-7d 所示。

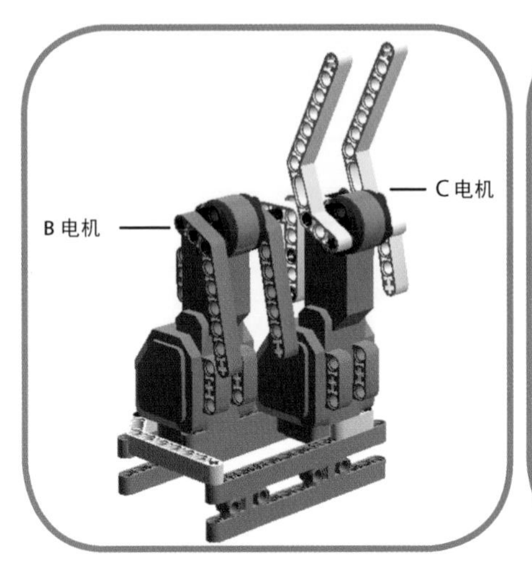

图 12-7a 剪刀石头布机器人

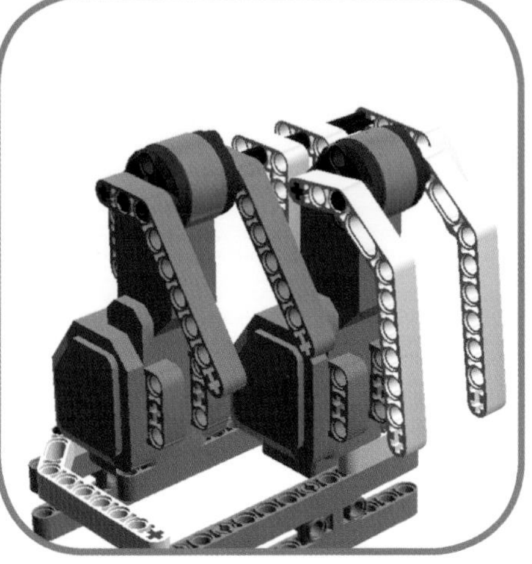

图 12-7b 初始状态与石头

图 12-7c 布

图 12-7d 剪刀

12-3-2 程序介绍

〈MachineHand.ev3〉

步骤 1

在开始指令后加上无穷循环，并在循环中加入等候指令，作为触发剪刀石头布机器人出拳的条件，等候条件设置为触动传感器被按下（见图 12-8）。

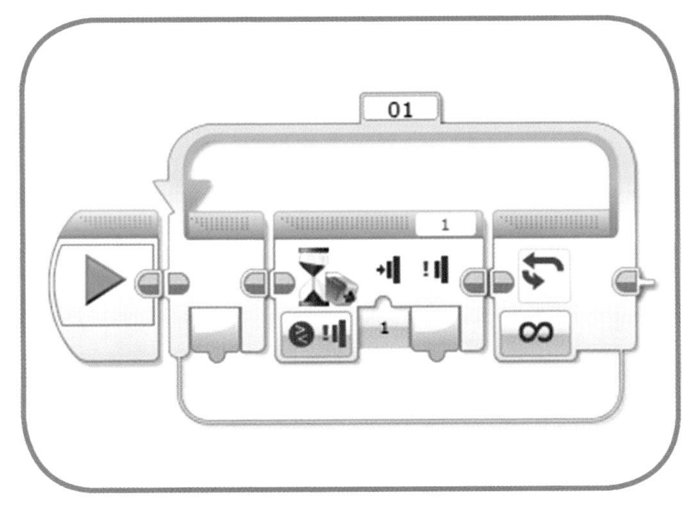

图 12-8　设置猜拳的触发机制为触动传感器

步骤 2

加入随机指令，因为“剪刀石头布”有 3 种模式，所以我们将随机指令调整为数值模式，让指令可以输出 1~3 之间的数值（见图 12-9）。

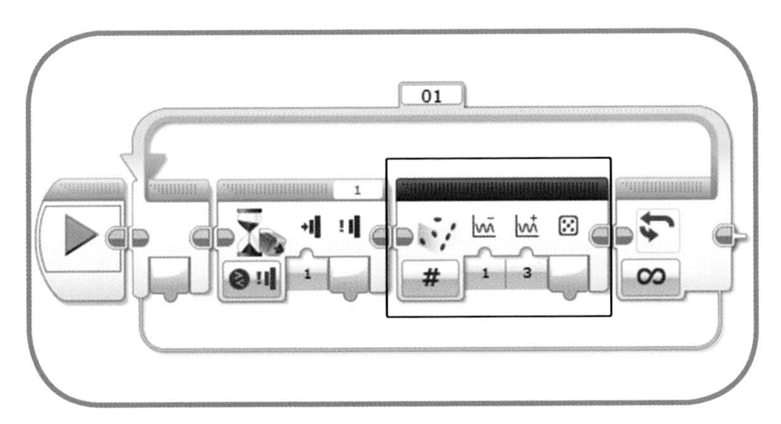

图 12-9　随机指令的数值范围调整成 1~3

步骤 3

在随机指令后面加上切换指令，并将切换指令的模式调整为数字输入模式（见图 12-10a），然后将随机指令的随机数值输出连接到切换指令的数字输入接口上（见图 12-10b）。

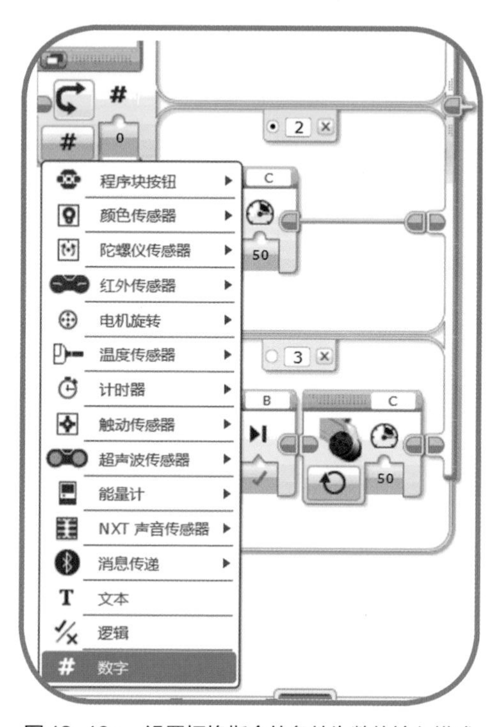

图 12-10a　设置切换指令的条件为数值输入模式

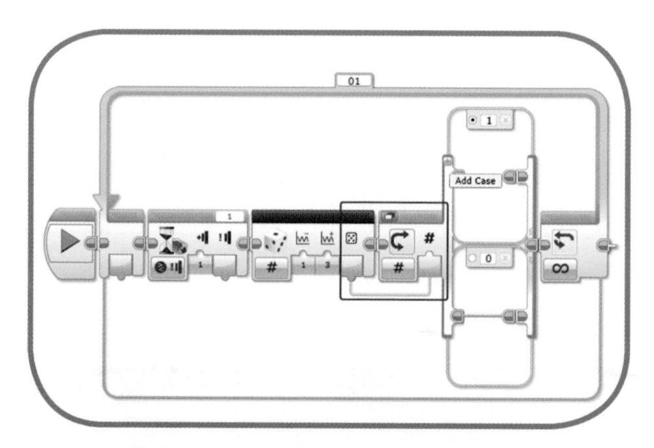

图 12-10b　根据数值进行选择的切换指令

步骤 4

接下来，我们单击切换指令左上方的 + 号来新增一个切换指令的分支，并将 3 个切换指令的执行条件数值分别设置为 1、2 和 3，这表示该切换指令会根据前面随机指令所产生的随机数值（1 或 2 或 3）来执行 3 个选项中的某一个，程序编写完成后如图 12-11 所示。

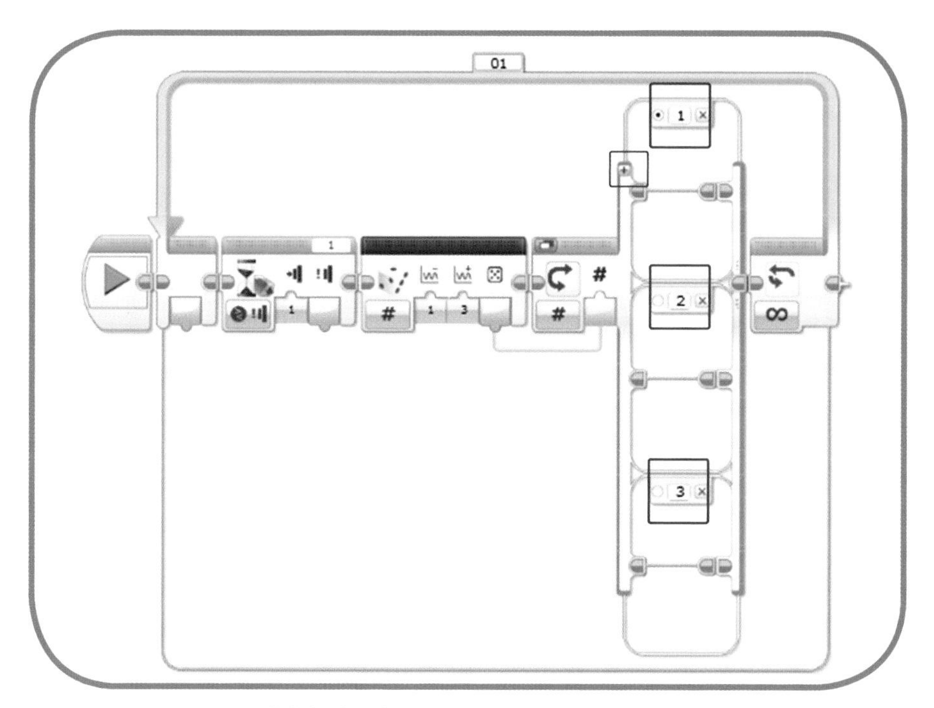

图 12-11 增加切换指令，将 3 种结果的执行条件设定为数值 1~3

步骤 5

接下来，我们要通过电机来控制 3 种出拳方式。我们假设 B 电机控制大拇指、无名指及小指；C 电机控制食指跟中指。电机正转表示伸出手指，电机反转代表收起手指。考虑到程序一开始时，所有手指都是收起来的，呈拳头状，那么出拳的情况如表 12-2 所示。

表 12-2 剪刀石头布机器人的程序动作

出拳	动作
布	B、C 电机都正转
石头	B、C 电机都不动
剪刀	B 电机不动、C 电机正转
其他情况	B 电机正转、C 电机不动

于是，我们假设数值为 1 时出布，数值为 2 时出石头，数值为 3 时出剪刀。并将电机正转时的转动值设定为 120°，完成之后程序如图 12-12 所示。

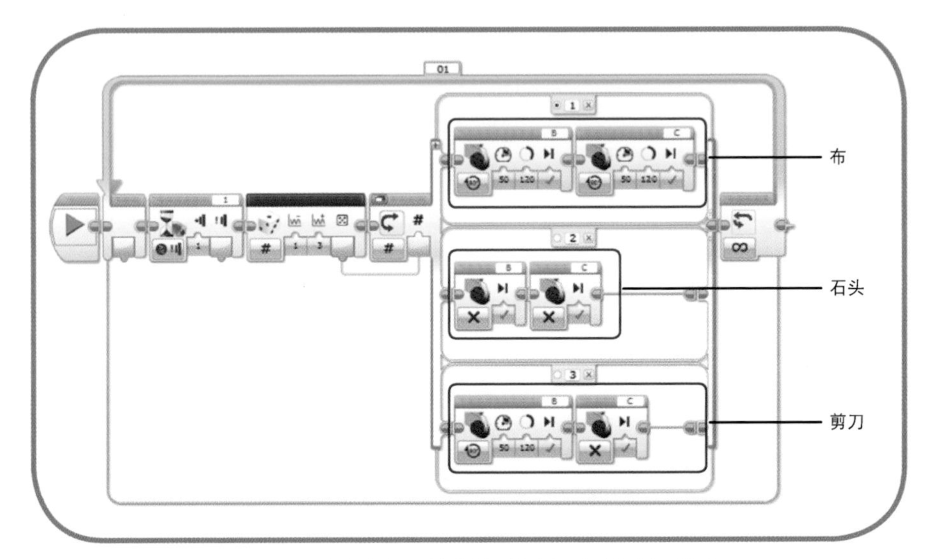

图 12-12　根据机构设计出拳时的电机转动值以及模式

步骤 6

接下来，我们设定机器人的出拳时间为 2s，因而要在切换指令后面加上一个等候指令，设定为等候 2s（见图 12-13）。

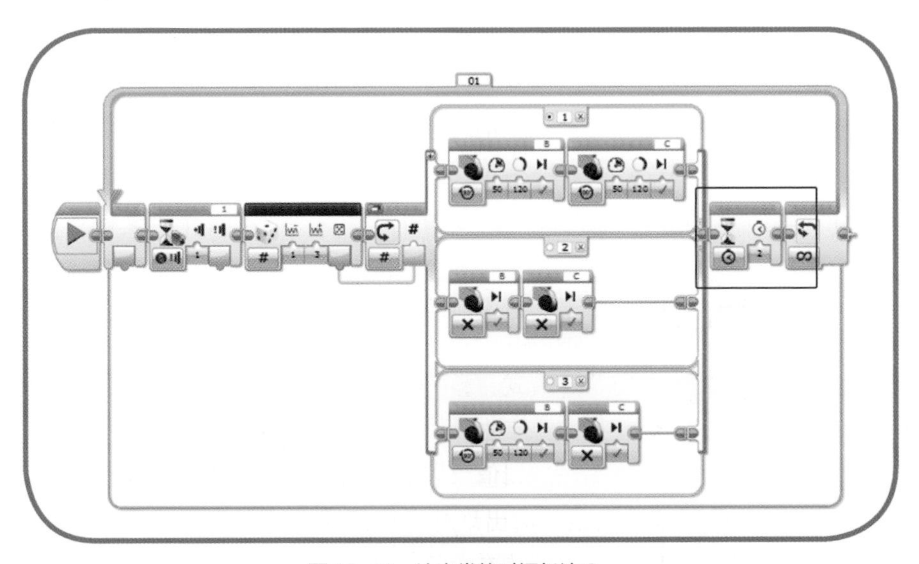

图 12-13　让出拳的时间长达 2s

步骤 7

出拳 2s 后，我们要将拳头收起来，这时候就需要再加入一个切换指令，将原本正向转动的电机（使手指伸出）反向转动，以使得让手指可以变回拳头状（见图 12-14）。需要注意的是，这个切换指令也必须受随机指令输出的数值控制，否则机器人就不知道要收回哪几根手指了。这个步骤完成后，我们就可以跟机器人玩剪刀石头布的游戏了。

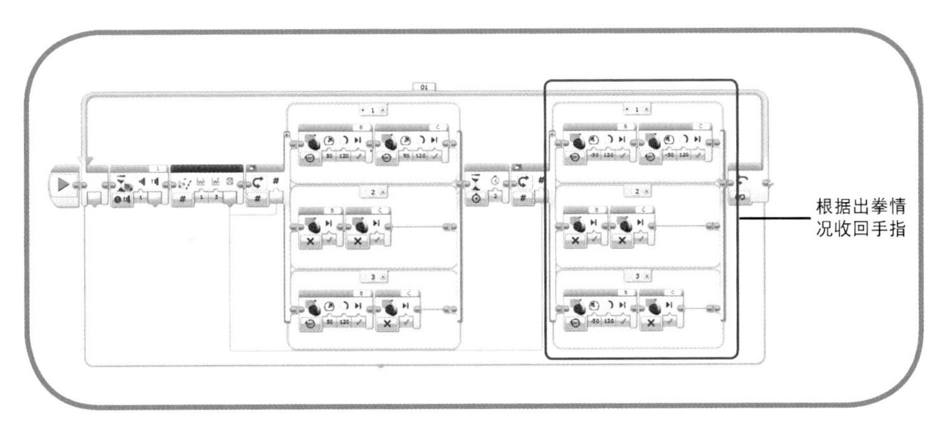

图 12-14　将拳头收起

12-4　小结

在本章中，我们向你介绍了如何使用随机指令的两种功能：随机产生一定范围内的的数值，或者产生随机的逻辑值。除此之外，我们还设计出一台公平的随机出拳的剪刀石头布机器人。现在，通过下面的延伸挑战，让自己更上一层楼吧！

12-5　延伸挑战

1.（　）随机指令有两种模式：数值以及文字。

2.（　）随机指令可以随机产生 1~1000 之间的数字。

3.（　）随机指令中随机逻辑值可以调整的数值是什么的参数？

A. 为真（True）值出现的概率百分比

B. 为假（False）值在执行循环中会出现的次数上限

C. 为真（True）值在执行循环中会出现的次数上限

D. 为假（False）值出现的概率百分比

4.（　）剪刀石头布机器人的结构设计使得出拳有 4 种结果，请问哪一种不包含于剪刀石头布中？（提示：假设 B 电机控制大拇指、无名指及小指；C 电机控制食指和中指；电机正转表示伸出手指。）

A. B、C 电机都不动

B. B、C 电机都正转

C. B 电机正转、C 电机不动

D. B 电机不动、C 电机正转

5. 利用随机指令设计出一部会随机产生旋律的机器（Ans12.1.ev3）。

6. 将剪刀石头布机器人改造成屏幕上会显示出拳结果的机器，同时对于不同的出拳结果会发出不同的声音进行反馈（Ans12.2.ev3）。

附录 A

范例机器人组装说明

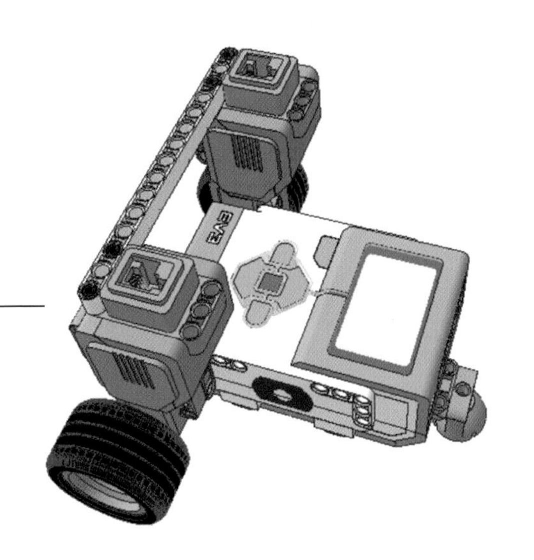

附录 A 将介绍如何组装本书中所用到的范例机器人。本书的机器人图片都是使用 LEGO Digital Designer 软件绘制而成的，你可以到乐高官方网站下载最新版本的 LDD 软件，以便绘制任何你想要的乐高模型，也欢迎到本书官网来下载本书的机器人 LDD 原始文件。

范例机器人

以往我们组装双电机机器人时，都会使用小轮子，或者用 L 形梁作为车辆后方的支撑。但是这两种方式非但不易组装，而且在转弯时常常会被卡住，或者在行驶中容易发出摩擦声响（见图 A-1）。现在 EV3 的机构零件中多了一个“滚珠惰轮”（见图 A-2），这是一个非常便利的零件，它本身是球形的，可以万向转动，应用了这种新的滚珠惰轮后，我们就可以避免上面所说的情况，轻松地组装出一台双电机机器人了。

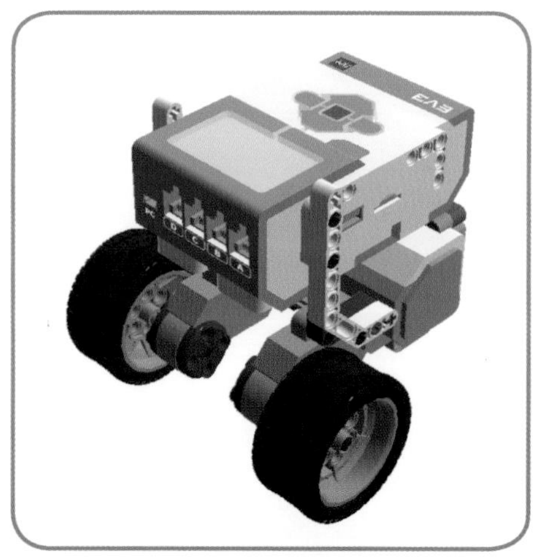

图 A-1　范例机器人

图 A-2　范例机器人

下面我们就来详细介绍一下搭建步骤。

步骤 1

如图 A-3 所示，将灰色 3M 轴、5 个短插销，以及一个长插销装在 EV3 电机上。

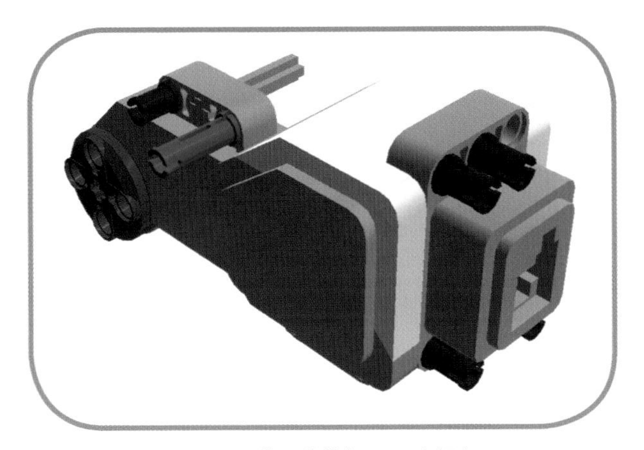

图 A-3　将零件装在 EV3 电机上

步骤 2

如图 A-4 所示，在电机前方加装 L 形横梁与短插销，在后方加装双插销连接器和十字插销。

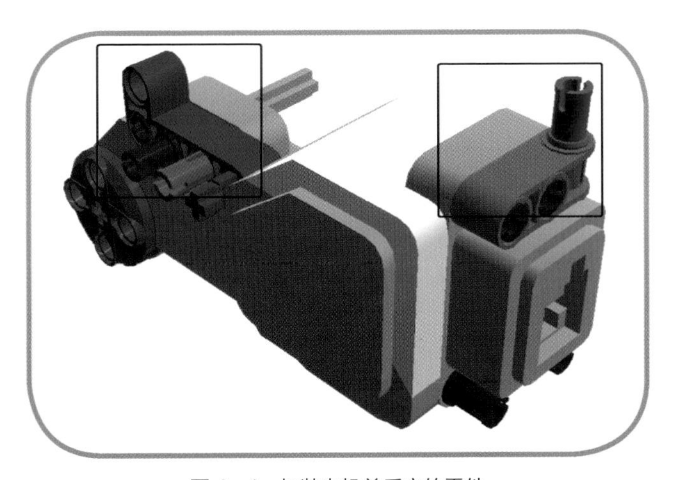

图 A-4　加装电机前后方的零件

步骤 3

如图 A-5 所示，在电机转轴处插入 7M 轴与套筒，并组装上轮胎。

图 A-5 在电机转轴插入轴与套筒

步骤 4

如图 A-6 所示，在 J 形梁上安装两个短插销，并将 J 形横梁安装在 L 形梁上。

图 A-6 加装 J 形梁

步骤 5

如图 A-7 所示，按照相同的方式以及对称的位置，组装出另外一侧的车身。

图 A-7　完成另一侧车身

步骤 6

如图 A-8 所示，使用 9M 横梁将两个电机相接，同时应用轴连接器，将两根 3M 横轴连接起来。

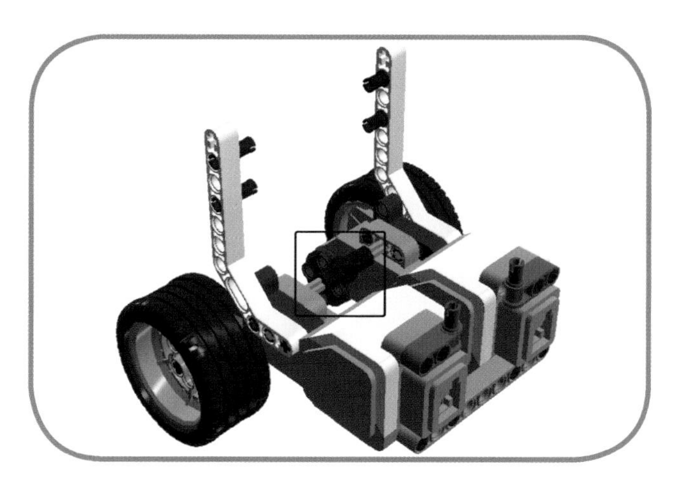

图 A-8　电机相接并加装轴连接器

步骤 7

如图 A-9 所示，使用直立双孔插销、分开直立双孔插销、长插销、4 个短插销与滚珠惰轮组合起来，制作后侧支撑轮，然后组装在电机后侧（见图 A-10）。

图 A-9 后侧支撑轮

图 A-10 加装后侧支撑轮

步骤 8

最后，在目前的成品之上加装 EV3 主机，一辆基础的双电机机器人就完成了（见图 A-11 和图 A-12）。电线的安装，请依照实际情况酌情连接即可。

图 A-11 车身前部

图 A-12 车身后部

附录 B

如何向 EV3 环境导入非官方指令模块

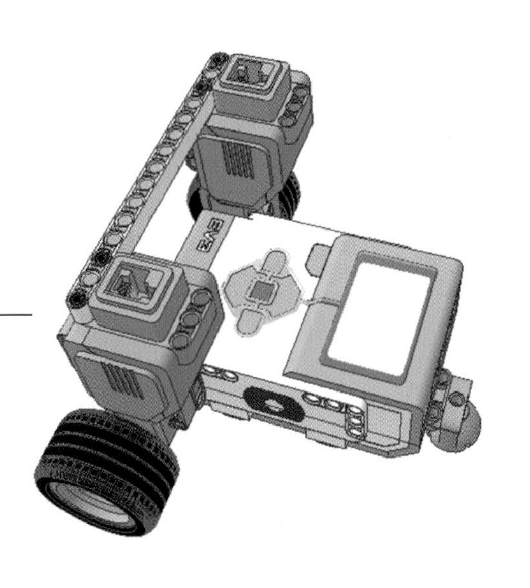

实际上，每个 EV3 指令都是使用 LabVIEW 制作出来的小程序，而 EV3 程序环境中也提供了模块导入向导，以便你可以根据需要，导入各种渠道针对 EV3 所开发的非官方指令。

事实上，我们想要导入任何其他厂商或个人所开发的指令，其方式都是一样的，本附录通过介绍“导入 HiTechnic 传感器指令”的步骤来向大家说明通用的导入方法。请依照下列步骤操作。

访问 HiTechnic 官方网站，在其 EV3 指令下载页面中下载「516-HiTechnicEV3Blocks.zip」文件，下载后解压缩即可。

如图 B-1 所示，打开 EV3 程序环境主界面，单击工具 >> 模块导入向导。这时程序会询问所要导入的文件位置，选择步骤 1 解压缩的文件之后 (见图 B-2，)，请单击「导入」即可自动开始导入。导入成功之后，程序会要求你重新启动 EV3 程序环境。

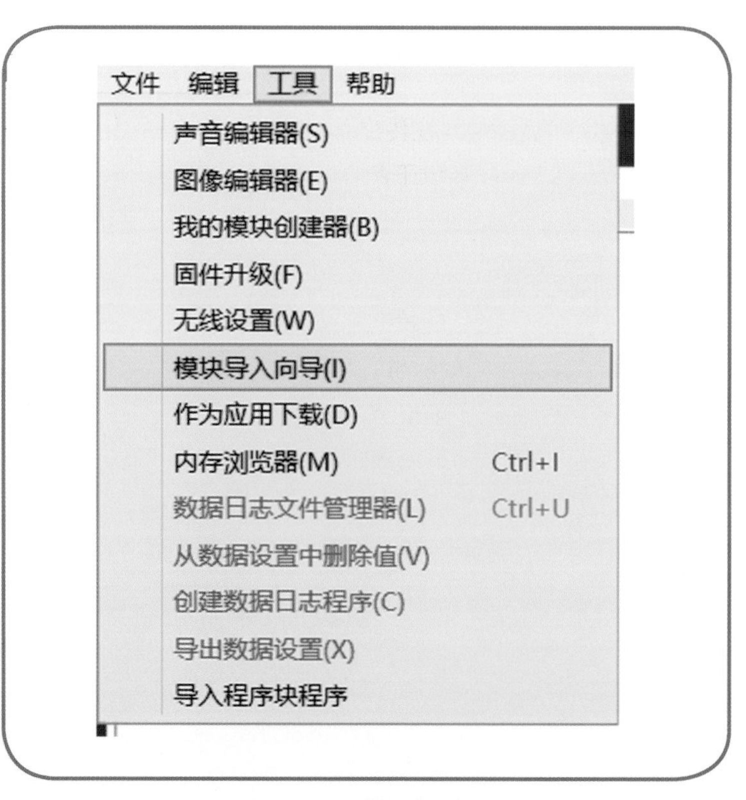

图 B-1 启动模块导入向导

图 B-2　指定导入文件位置

重新启动之后，我们就可以在传感器指令区看到新导入的指令了，请大家参看图 B-3，HiTechnic 指令位于最右侧的 5 个。

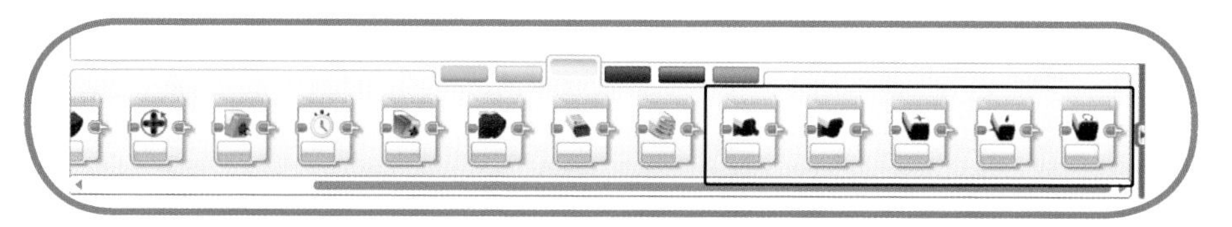

图 B-3　导入指令成功

附录 C

其他 EV3 传感器

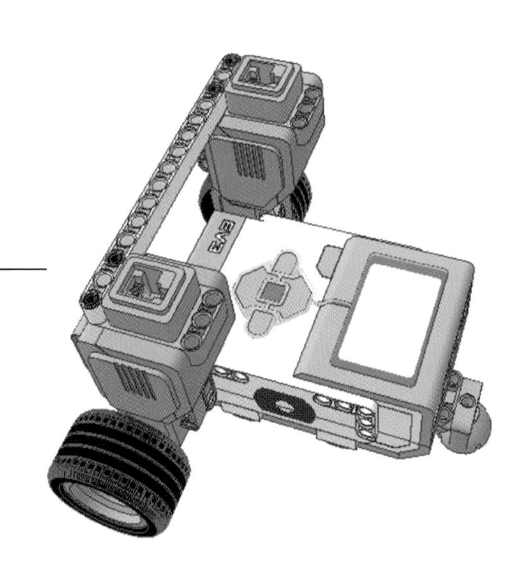

温度传感器指令

温度传感器指令可以用来读取温度传感器探测到的数据（见图 C-1），测量的温度单位可以使用摄氏温度(℃)或者华氏温度(℉)来表示，并得到一个相应的数值输出。我们也可以给指令设定一个目标值，用来与测量到的温度进行比较，并得到一个逻辑输出值。

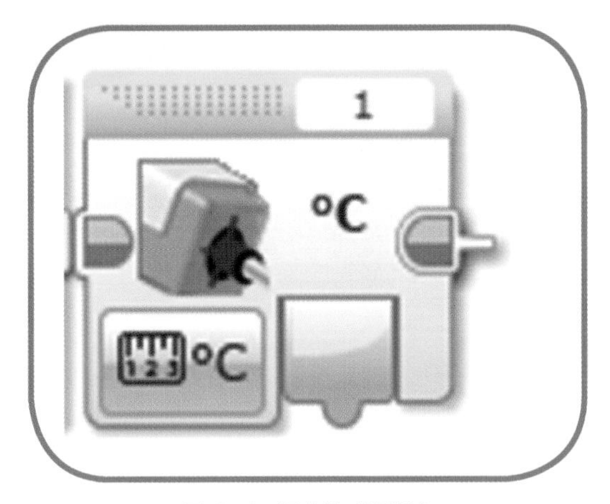

图 C-1　温度传感器指令

测量摄氏温度模式

如图 C-2 所示，在该模式下，传感器测量到的温度将以摄氏温度(℃)为单位。

图 C-2　温度传感器指令下的摄氏温度模式

测量华氏温度模式

如图 C-3 所示，在该模式下，传感器测量到的温度将以华氏温度 (℉) 为单位。

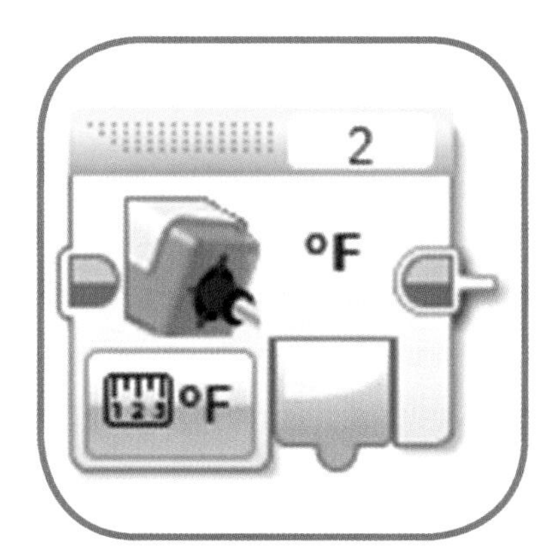

图 C-3　温度传感器指令下的华氏温度模式

比较摄氏温度模式

如图 C-4 所示，在该模式下，传感器指令会将测量到的温度，与所设定的值以摄氏温度为单位进行比较，结束后会输出实际测量到的摄氏温度值，以及一个代表比较结果的逻辑值。

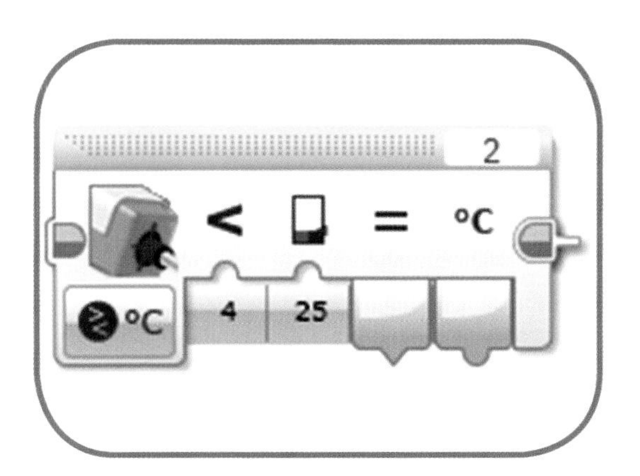

图 C-4　温度传感器指令下的比较摄氏温度模式

比较华氏温度模式

如图 C-5 所示，在该模式下，传感器指令将测量到的温度，与所设定的值以华氏温度为单位进行比较。结束后会输出实际测量到的华氏温度，以及一个代表比较结果的逻辑值。

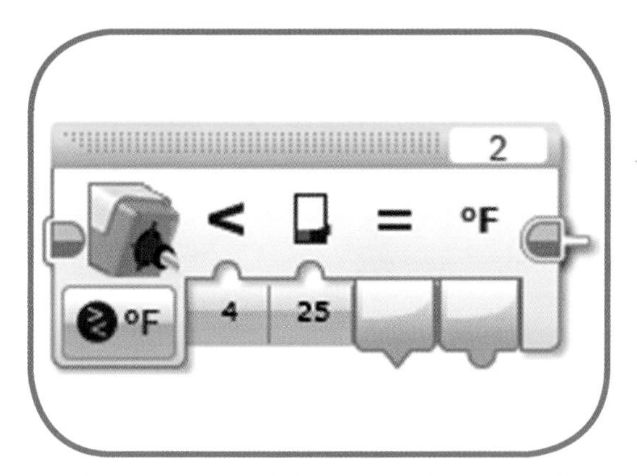

图 C-5　温度传感器指令下的比较华氏温度模式

红外线传感器指令

如图 C-6 所示，红外线传感器指令可以用来读取红外线传感器所探测到的值。你可以在近程模式、信标模式、远程模式等模式下测量数据，并得到一个数值输出。我们也可以给指令设定一个数值，用来与测量值进行比较，并得到一个逻辑值。

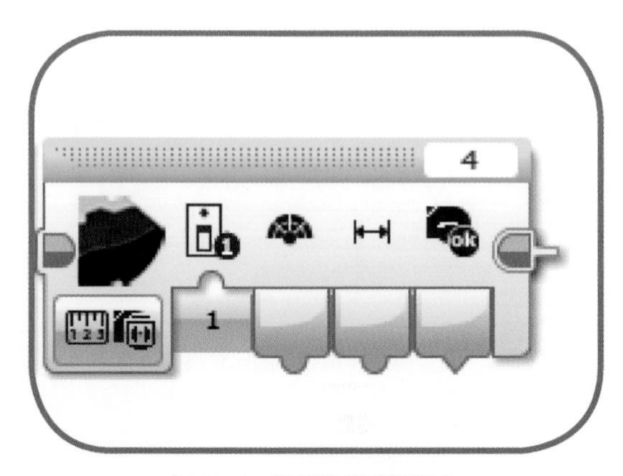

图 C-6　红外线传感器指令

近程模式

如图 C-7 所示，在这个模式下，传感器所测量的数值范围为 0~100，用以表示对于远程红外信标或者物体的接近程度。接近度为 0 表示距离非常近，接近度为 100 则表示距离非常远。另外，接近度为 100 还有可能是没有探测到信标（讯号源）或物体。

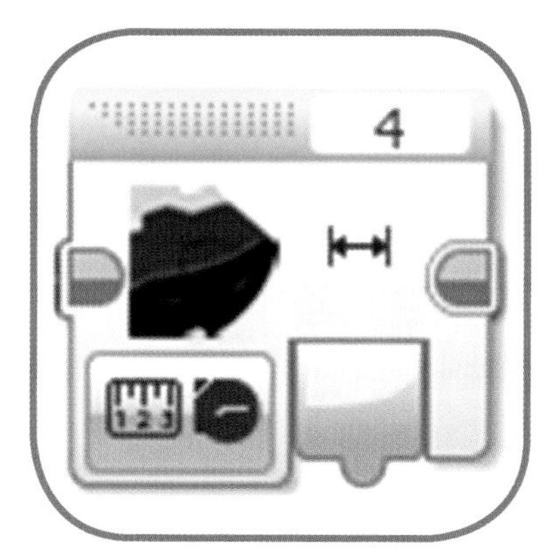

图 C-7 红外线传感器指令下的测量接近度模式

信标测量模式

如图 C-8 所示，在这个模式下，我们要在指令中选择红外线传感器探测专用频道（有 4 个，即 1~4），信标接近度的探测值以“接近度”为输出值，信标信号强度以“信号”为输出值。当探测到信标时，“探测”（detected）输出为真；若没有探测到信标，则输出值为假，接近度为 100，信号为 0。

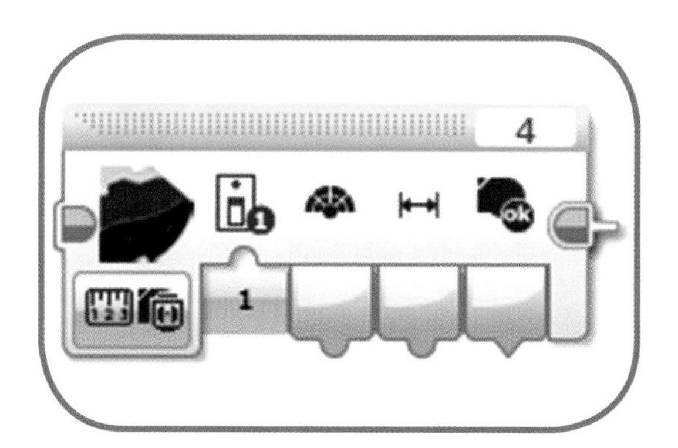

图 C-8 红外线传感器指令下的信标测量模式

远程模式

如图 C-9 所示，在该模式下，我们在指令中需要选择远程红外信标所使用的频道，输出值根据信标上被按下的单个或多个按键来显示。

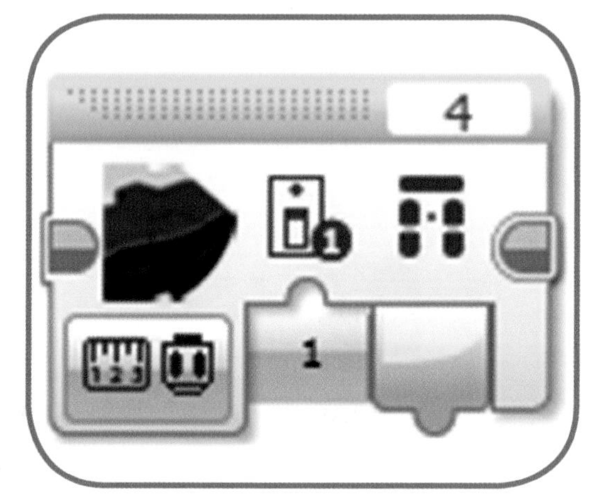

图 C-9　红外线传感器指令下的测量远程遥控模式

比较模式

如图 C-10 所示，这里列出了 3 种比较模式的程序图标：比较接近度模式、比较信标信号模式、比较信标接近度模式。你可以在指令中设定一个数值，用来与传感器的测量值进行比较，然后得到一个代表比较结果的逻辑输出值。

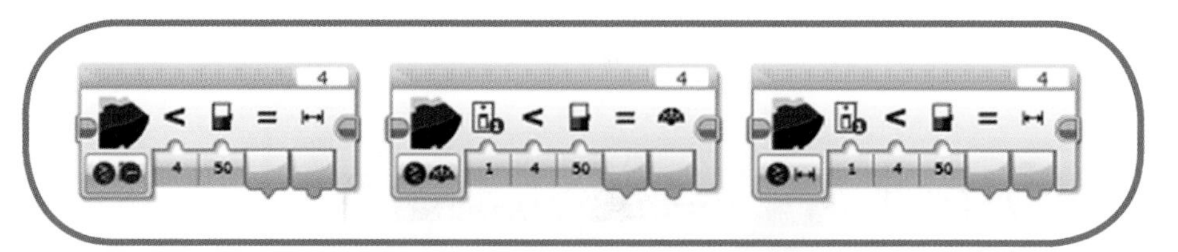

图 C-10　红外线传感器指令下的比较模式

比较远程模式

如图 C-11 所示，在该模式下，你可以在指令中选择一至多个按键作为基准。如果你所选择的按键全都被按下，那么逻辑输出值即为真。指令的按键输出值，为传感器所探测到的 EV3 远程红外信标上被按下的按键。

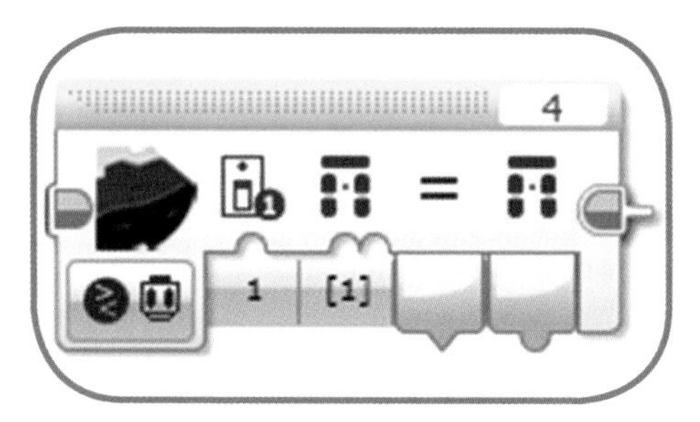

图 C-11　红外线传感器指令下的比较远程模式

电表指令

如图 C-12 所示，电表指令可以从 EV3 的电力传感器中读取数据，而电力传感器属于可再生能源升级套装（9688Renewable Energy Add-On Set）的一部分。电表指令可以测量与电力传感器所连接的电子零件的电能储存量、电能输入量以及消耗量。当然，你也可以将自己设定的值与传感器测到的数值进行比较，并得到一个逻辑输出值。电表指令的输入及输出详见表 C-1 和表 C-2。

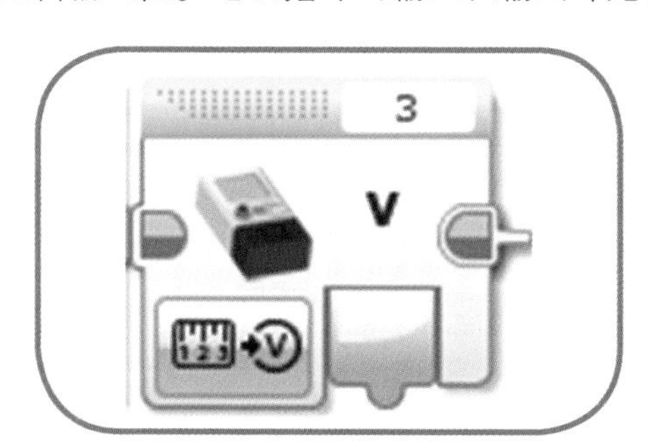

图 C-12　电表指令

表 C-1　电表指令的输入信息

输入	类型	数值范围	备注
比较类型	数值	0~5	0: = 等于 1: ≠ 不等于 2: > 大于 3: ≥ 大于等于 4: < 小于 5: ≤ 小于等于
设定值	数值	任何数字	用来与传感器测到的数值做比较

表 C-2 电表指令的输出信息

输出	类型	备注
测量数值	数值	模式有 7 种，详见本页下方的测量模式中的表格
比较结果	逻辑	比较结果的真伪值

测量模式

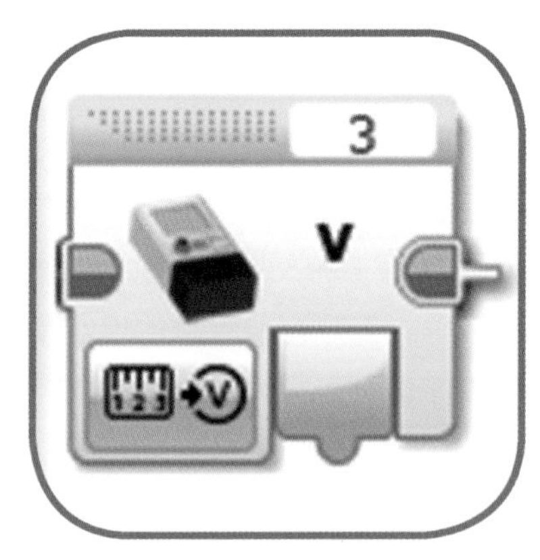

图 C-13 电表指令下的测量模式

有 7 种测量模式，如表 C-3 所示。

表 C-3 7 种测量模式

数据	类型	数值范围	单位	备注
输入电压（V）	数值	0.0~10.0	伏特（V）	输入电压
输入电流（A）	数值	0.0~0.3	安培（A）	输入电流
输入功率（W）	数值	0.0~3.0	瓦特（W）	输入功率
输出电压（V）	数值	0.0~10.0	伏特（V）	输出电压
输出电流（A）	数值	0.0~0.5	安培（A）	输出电流
输出功率（W）	数值	0.0~5.0	瓦特（W）	输出功率
焦耳（J）	数值	0~100	焦耳（J）	储存能量

NXT 声音传感器指令

EV3 并没有为自己设立专属的声音传感器，而是特别为 NXT 的声音传感器设计了一个指令，以便 EV3 主机可以直接连接 NXT 的声音传感器。如图 C-14 所示，这个指令可以从 NXT 声音传感器中读取数据，其中声音的大小用 0~100 的百分比来表示，并产生一个数值输出。同时，你也可以将探测到的值与所设定的基准数值进行比较，并得到一个逻辑输出。该指令的输入和输出详见表 C-4 和表 C-5。

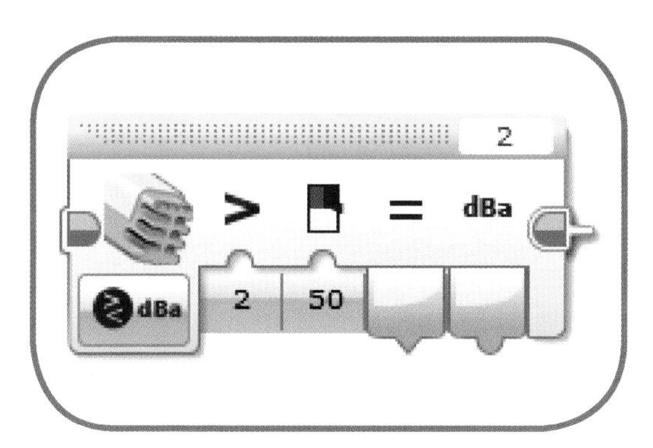

图 C-14　NXT 声音传感器指令

表 C-4　NXT 声音传感器指令的输入信息

输入	类型	数值范围	备注
比较类型	数值	0~5	0: = 等于 1: ≠ 不等于 2: > 大于 3: ≥ 大于等于 4: < 小于 5: ≤ 小于等于
设定值	数值	任何数字	用来与传感器测到的数值做比较
值	数值	0~100	校准模式的声音大小

表 C-5　NXT 声音传感器指令的输出信息

输出	类型	备注
声音等级	数值	声音强度（音量）0~100
比较结果	逻辑	比较结果所得到的真伪值

测量模式

如图 C-15 所示，测量模式有 dB 以及 dBa，两个都产生声音大小的输出值。在 dBa 模式中，声音会被过滤为人类耳朵可以接收到的频率范围，声音大小以百分比（0~100）来表示。如果声音传感器被校准，那么校准的最小音量会被设为 0，校准的最大值会被设为 100。

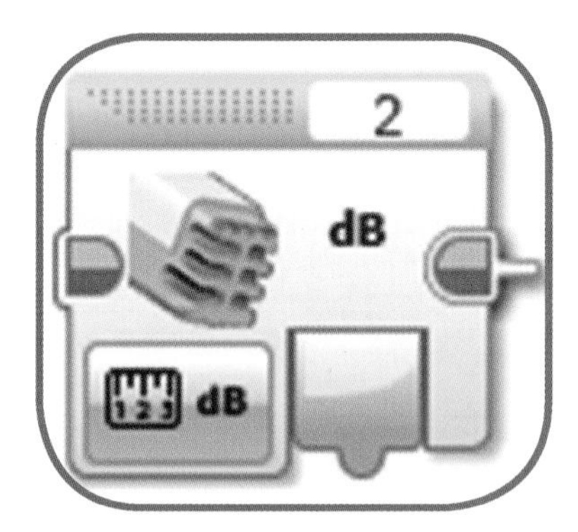

图 C-15　NXT 声音传感器指令下的测量模式

比较模式

如图 C-16 所示，比较模式也分为 dB 以及 dBa 两种。你可以自己设定数值与测量值比较，然后得到逻辑输出以及传感器的测量值。

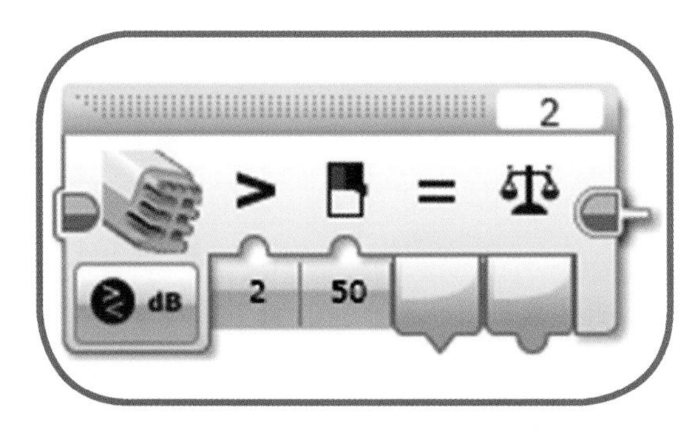

图 C-16　NXT 声音传感器指令下的比较模式

校准模式

如果你需要校准声音传感器（见图 C-17），可以通过程序输入一个数值，或者自己设置数值，来改变声音大小百分比的下限（校准 >> dB >> 最小值），以及上限（校准 >> dB >> 最大值），也可以通过重置（校准 >> dB >> 重置）功能，将之前的自定义声音校准范围还原为默认值。

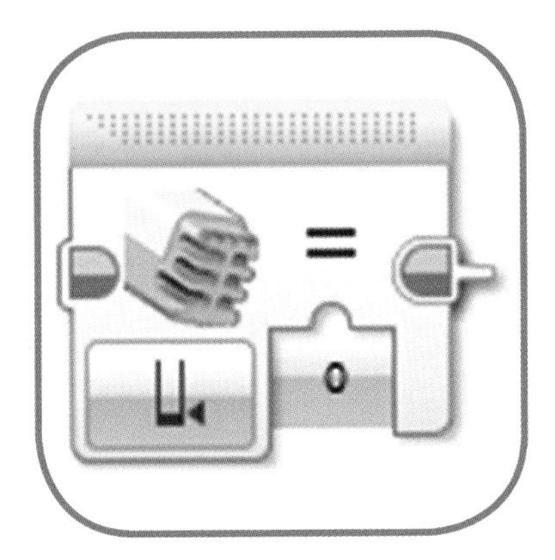

图 C-17　NXT 声音传感器指令下的校准模式

附录 D

网络资源与参考书目

1. LEGO® MINDSTORMS® 官方网站

这是乐高 MINDSTORMS 系列的官方网站地址，你可在这里下载家用版的 EV3 软件、主机固件以及最新的更新补丁等资源，你也可以加入在线论坛，与全世界的 EV3 机器人玩家一同分享交流。

2. CAVEDU 教育团队

CAVEDU 教育团队是台湾知名的科学教育团队，致力于推广各种机器人、创意创新以及“动手做”课程。现在团队已出版多本机器人和 Arduino 相关的图书，并且经常受邀到各类院校进行相关的讲座。

除了编写程序之外，如何有效地利用手边的零件，也是组装机器人的乐趣所在。乐高具备非常丰富的零件库，充分理解不同零件的运作原理与使用方式，可以让你的作品更加丰富多彩。

3. TechnicBricks

这是一家非官方的乐高 Technic 系列介绍网站，整理了最新的 Technic 系列产品信息以及乐高达人作品分享。许多网友也乐意在这里分享他们作品的数字组装说明文件，我们下载这些文件之后，就可以按照说明步骤组装完成（需要自行检查所需的零件是否齐全）。

4. 个人网站

五十川芳仁老师的网站中记录了许多小型作品，他的特长是使用常见的零件，通过自己的巧妙构思制作出各种有趣的作品，你也许可以从中找到许多灵感。

5. Sariel

Sariel 是一位保加利亚的年轻乐高设计师，他的作品不但完整度很高，而且非常精致。对于广大爱好 Technic 系列的朋友，Sariel 的网站是不容错过的一站。

附录 E

如何重新安装 EV3 主机固件

每次当你启动 EV3 程序环境时，系统都会自动搜索是否有固件更新，如果官方发布了新版 EV3 固件，程序就会弹出一个小窗口，提醒你当前有可用的固件更新。另一方面，当 EV3 主机出现功能紊乱的时候，你也可以通过更新固件将主机恢复到初始状态。下面我们就向大家介绍更新 EV3 主机固件的操作步骤。

步骤 1

用 USB 传输线将 EV3 主机与你的计算机进行连接。

步骤 2

如图 E-1 所示，启动 EV3 主程序，在窗口上方工具栏中单击工具 >> 固件升级。

图 E-1　请单击框中的 Firmware Update 来开启固件更新页面

步骤 3

接下来，程序会跳出一个固件更新页面，单击“在线升级”旁的“检查”按键（见图 E-2），就可以搜索并下载网络上最新的固件。当计算机检测到 EV3 主机后，单击“固件”旁边的“下载”按键就可以更新固件了。

图 E-2　单击框中的“检查”从网站下载新版固件，使用“下载”键来更新固件

注意，请等待“Progress”下面的两个进度条都执行完毕，画面出现更新成功的信息之后，再断开 EV3 主机与计算机的连接。千万不要随意中断固件更新过程，不然 EV3 主机将可能无法正常开机。